山东地方高校春季招生本科生培养模式探索与研究

贾致荣　任晓宇　著

中国建筑工业出版社

图书在版编目（CIP）数据

山东地方高校春季招生本科生培养模式探索与研究 / 贾致荣，任晓宇著 . — 北京：中国建筑工业出版社，2019.1
ISBN 978-7-112-23068-6

Ⅰ.①山… Ⅱ.①贾… ②任… Ⅲ.①地方高校 — 人才培养 — 培养模式 — 研究 — 山东 Ⅳ.① G649.2

中国版本图书馆CIP数据核字（2018）第285183号

责任编辑：朱晓瑜
责任校对：李美娜

山东地方高校春季招生本科生培养模式探索与研究

贾致荣 任晓宇 著

*

中国建筑工业出版社出版、发行（北京海淀三里河路9号）
各地新华书店、建筑书店经销
北京点击世代文化传媒有限公司制版
北京建筑工业印刷厂印刷

*

开本：787×1092毫米 1/16 印张：12¼ 字数：248千字
2018年12月第一版 2018年12月第一次印刷
定价：42.00元
ISBN 978-7-112-23068-6
（33153）

前　言

高考改革是教育改革重中之重的问题，受到教育界和社会各界的普遍关注。《国家教育事业发展"十三五"规划》指出，要加大高校考试招生制度改革实施力度。

与1977年开始的传统高考相比，春季高考的出现晚了20多年，山东省直到2012年才开始春季高考的探索。春季高考的改革可谓是初衷良好，过程艰辛，跌宕起伏，效果迥异。先后有北京、上海、安徽、天津、内蒙古、福建、山东等省市参与，但试验的情况并不都理想，试点省市内蒙古、安徽、北京相继退出。

在招生生源、录取学校、培养定位与目标等方面，参与春季高考改革的省份做法不一，但是春季高考普遍存在社会关注度低、学生报考偏少、高校招生意愿不强、培养经验缺乏等问题。

一年两次考试的变化是非常有意义的尝试，春季考试迈出了改革的重要步伐。山东理工大学等22所山东省本科高校先后参与春季招生学生培养，进行了一些积极探索，也取得了一些经验与教训，值得总结。

在山东省教学改革重点项目"基于工程师能力培养的春季招生土木工程专业课程体系重构与实施"（2015Z072）的资助下，作者围绕地方高校春季高考本科学生培养进行了研究。全书共五章，第1章春季高考制度，主要内容包括春季高考的由来及各试点省市进展概况；第2章山东春季高考招生，主要内容包括招生专业类别、招生高校、招生人数以及招生政策的变化；第3章春季高考生源情况调查，主要内容包括生源结构、普高与中职培养对比、高考科目对比；第4章春季与夏季高考本科生对比调查，主要内容包括调查方案、调查方法与调查结构；第5章春季高考学生培养建议，主要内容包括培养方案、教学方法、学生管理、师资队伍建设、职业生涯规划。附录给出了部分培养方案、相关重要政策文件等。

本书得到了中国建筑工业出版社的大力支持，山东理工大学金鑫硕士、邹启东硕士对本书资料汇总与文字整理也做了大量工作，在此一并深表感谢。由于作者水平所限，不当指出，请读者与专家不吝赐教。

CONTENTS

目 录

第1章

春季高考制度

1.1　春季高考的由来

在一系列教育改革问题当中，高考改革是重中之重，受到教育界和社会各界的广泛关注。1999 年出台的《关于进一步深化普通高等学校招生考试制度改革的意见》（以下简称《深化改革意见》）在考试形式方面提出"积极探索一年两次考试的方案"[1]。同年 12 月 7 日教育部批准将北京、上海、内蒙古、安徽等地作为春季高考试点，春季高考改革拉开大幕。在多个省份，春季高考是重点面向中等职业学校毕业生，同时也面向普通高中毕业生的统一招生考试；而夏季高考是重点面向普通高中毕业生，同时也面向中等职业学校毕业生的统一招生考试[2]。春季高考的提出与社会发展、高考改革的进程息息相关，其背景主要有以下几方面：

1. 拉动内需以应对危机

1997 年亚洲金融危机爆发，使我国经济在刚步入正轨之后就面临需求不足的巨大压力。为应对金融风暴所带来的不良影响，我国采取了一系列积极的政策措施，其中包括扩大内需、刺激经济增长的政策。增加在校生人数能够推迟学生就业，拉动教育消费，是刺激经济增长、带动相关产业发展的重要举措。于是，以恰当方式增加在校生数量为目的而进行的高考改革启动，推动春季高考的诞生。

2. 中等职业教育制度亟待改革

1998 年，宏观调控政策由"适度从紧"转向"积极的财政政策与稳健的货币政策"的新组合[3]。同时增发国债，带动社会投资规模，逐步扩大需求，社会发展迫切需要技能型人才；另一方面，由于我国对职业教育经费投入不足等原因导致职业教育体系发展缓慢、接受职业教育培养的学生往往无法成为合格劳动者从而造成技能人才供给无法满足社会发展需求的局面。为了改善这种局面，需要通过高考改革的新模式、新办法来建立中职与高职、职教与普教沟通的立交式教育制度，使中等职业教育成为像普教升学体系一样的终结性教育[4]。因此，春季高考成为连接该升学体系中不同阶段的纽带。

3. 多轮高考改革后的新探索

高考制度需要随着社会的变迁而进行改革，以适应并进一步促进社会的发展。纵观多年高考改革历程，根据其改革进程，可分为以下两个时期：

1979 ~ 1984 年，这一时期内诞生了多项新制度。1979 年以限制报考人数为目的的预选考试制度首次开展于黑龙江。这一举措是为了减轻恢复高考后最初数年报考人数暴增所带来的报录压力，在报考人数逐年减少后便失去其原有作用。1987 年后各地相继取消该考试。1983 年教育部提出毕业考试和升学考试分开进行 [5]。1984 年在北京师范大学、山东矿业学院和四川农学院进行保送生制度试点，为保送生制度的后续发展提供实践经验。该时期的高考改革始终以考试形式为改革重点，通过多项新举措分散统一高考的重压，为学生提供更多的选择权。

1985 ~ 1991 年间多项制度得到了全面推广。1985 年北京大学等 43 所高校进行招收保送生的试点工作 [6]，1988 年《普通高等学校招收保送生的暂行规定》由国家教育委员会发布，对招生过程中所涉及的问题作出明确规定，使保送生制度逐步走向正规。1989 年部分省省市、地区开始举行高中毕业会考，教育部于 1991 年开始在全国范围内推行毕业会考制度，通过毕业会考成为参加高考的必要条件。该时期内对多项试点的制度、措施进行了推广，高考制度愈发健全。

经过多次制度改革后，已有高考制度依旧无法满足不断变化的社会现实，高考人数持续增加，多年的改革调整仍未能改变一考定终身的状况。可喜的是改革开放后多年的发展成果让高考多次化具备了现实可实行性。终于，春季高考应运而生。

1.2　山东省春季高考概况

1.2.1　本科招生计划与报考人数概况

山东省作为春季高考的试点地区之一，于 2012 年进行了首次春季高考。此后，春季高考发展迅速。

2012 年山东春考本科招生计划数为 2600 人，报考人数为 40160 人；2013 年计划数增至 5200 人，报考人数为 50485 人；2014 年计划数达 10460 人，报考人数为 78240 人。2014 年 6 月国务院印发《关于加快发展现代职业教育的决定》，全面部署加快发展现代职业教育 [7]，该决定进一步促进春季高考的发展。2015 年山东春季高考获得令人瞩目的成果，本科招生计划人数超过 1.2 万人，报考人数突破 11 万人；2016 年山东春季高考的本科招生计划和报考人数较 2015 年有回落，分别为 11475 人和 98855 人；2017

年本科招生计划 11200 人，报考人数 100151 人；2018 年本科招生计划数为 10900 人，报考人数 97481 人，见表 1-1。招生人数和报考人数在 2015 年达到峰值后趋于稳定，变化趋势如图 1-1 所示。

2012 ～ 2018 年度招生计划与报考人数　　　　　　　　　　　　表 1-1

年份	本科招生计划人数	报考人数
2012	2600	40160
2013	5200	50485
2014	10460	78240
2015	12778	116740
2016	11475	98855
2017	11200	100151
2018	10900	97481

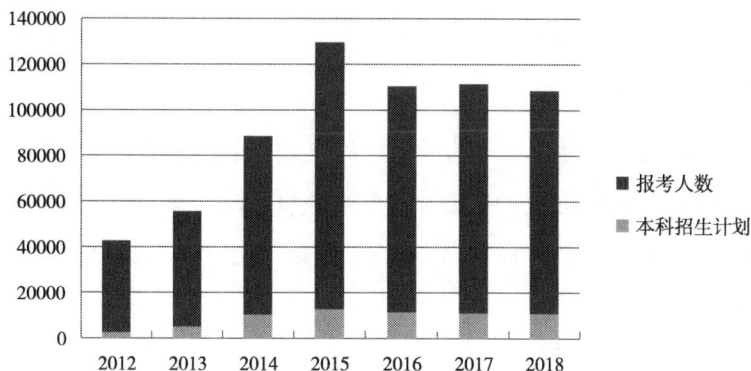

图 1-1　山东春季高考考生与本科招生数变化图

1.2.2　招生专业总体概况

2012 ～ 2018 年间，春季高考的招生专业类别设置不断发生变化。2012 年度春考首次招生，涉及机电、财经、医学、化工等 15 个专业类别，2013 年招生专业类别设置与 2012 年相同，2014 年招生专业类别数量开始增加，2015 年招生专业类别数量继续增加，达到 20 个，为历史峰值。2016 年招生专业类别数量减少至 19 个，2017 年招生专业类别设置与 2016 年相同，2018 年招生专业类别数量继续减少至 18 个。历年招生专业类别变动具体情况见表 1-2。

历年招生专业类别及变动　　　　　　　　　　　表 1-2

招生年份	招生专业	专业变动
2012、2013	种植、养殖、机电、计算机、建筑、财经、文秘、服装、商贸、餐旅服务、幼教、医学、护理、化工、煤炭	年度招生专业类别共 15 个
2014	农林果蔬、畜牧养殖、资源环境、信息技术、土木水利、电力电子、机电交通、制造维修、化工医药、纺织服装、医学护理、商品贸易、财会金融、餐饮加工、旅游服务、文秘服务、教育文化	年度招生专业类别共 18 个，较上年新增资源环境、电力电子、制造维修 3 个专业类别
2015	农林果蔬、畜牧养殖、采矿技术、土建、机械、机电一体化、电工电子、化工、服装、汽车、信息技术、医药、护理、财经、商贸、烹饪、旅游服务、文秘服务、学前教育、师范教育	年度招生专业类别共 20 个。其中，将机电交通拆分为机械、机电一体化两个专业类别；将教育文化拆分为学前教育、师范教育 2 个专业类别
2016、2017	农林果蔬、畜牧养殖、采矿技术、电工电子、机械、机电一体化、土建、化工、汽车、服装、信息技术、医药、护理、财经、商贸、烹饪、旅游服务、文秘服务、学前教育	年度招生专业类别共 19 个，师范教育类别不再进行招生
2018	农林果蔬、畜牧养殖、土建（含土建方向、采矿技术方向）、信息技术、机械、化工、机电一体化、电工电子、汽车、服装、医药、护理、财经、商贸、烹饪、旅游服务、文秘服务、学前教育	年度招生专业类别共 18 个，采矿技术专业并入土建专业类别，成为其中一个方向

1.2.3　考试科目概况

2012 年，山东省首次春季高考的考试科目分为：语文、数学、专业理论基础、专业实践基础。其中，专业理论基础包括本专业必须开设的专业基础课程和外语课程，专业实践基础包括专业技术课程和实训课程。考试试题分客观题和主观题两部分。考试科目及分值见表 1-3。

考试科目及分值　　　　　　　　　　　表 1-3

考试科目	分值	总分
语文	150	
数学	150	
专业理论基础	200	700
专业实践基础	200	

从 2014 年开始，山东省春季高考开始分两次举行，采取"理论＋技能"的考试模式。其中，理论部分的考试科目为语文、数学、英语、专业知识。考试试题仍然分客观题和主观题两部分。技能部分的考试按照该年度《普通高等学校招生报名工作的通知》

公布的专业类别，由山东省教育招生考试院确定的主考院校组织实施，技能考试得分与理论部分各科得分一并计入考生总分。考试科目及分值调整情况见表 1-4，增加了英语科目，总分变为 750 分。

考试科目及分值调整情况表　　　　　　　　　　　　　表 1-4

考试科目	分数	总分
语文	120	750
数学	120	
英语	80	
专业知识	200	
专业技能	230	

1.2.4　春季高考和夏季高考的区别

春季高考作为一种新的尝试，与传统夏季高考存在着许多不同之处，具体差异集中在以下几个方面：

1. 招生对象有差异

春季高考重点面向中等职业院校学生，兼顾普通高中学生。夏季高考主要面向普通高中学生。

2. 考试命题方式有差异

春季高考由省统一命题、统一组织考试。夏季高考执行全国统一的考试招生政策，全国统一或省统一命题、统一组织考试。

3. 录取学校有差异

春季高考主要为高职院校和部分本科院校选拔生源，夏季高考为全部本科院校和高职院校选拔生源。

4. 考试科目

春季高考考试科目由理论知识与专业技能两部分组成，夏季高考考试科目以理论知识为主。

5. 考试时间

春季高考考试时间为每年的 5 月份，夏季高考考试时间为每年的 6 月份。

1.2.5　春季高考新动向

2018 年 3 月 23 日，《山东省深化高等学校考试招生综合改革试点方案》发布，山东省新一轮高考综合改革启动[8]。改革后的春季高考招生方式分为统一考试招生、单独考试招生、综合评价招生 3 类。具体改革措施如下：

1. 技能考试

将春季高考技能测试安排在每年的 7 ~ 12 月进行，并且考生可以参加 2 次技能测试，将其中较好的一次成绩计入总成绩。

2. 单独考试

除以往的统一招生考试外，招生院校可针对中等职业学校考生设置单独的招生考试。考试内容包括文化素质与专业技能两大部分。招生院校根据考试成绩和综合素质择优录取。

3. 综合评价招生

招生院校可针对普通高中毕业生开展综合评价招生，对考生进行职业适应性测试，依据该测试成绩和学业水平考试成绩择优录取。

1.3 其他省份春季高考概况

1.3.1 北京春季高考概况

2000 年 1 月，北京进行春季高考试点改革，考生报名条件与传统夏季高考报名条件相同，但高等学校、普通高中和中等职业学校及其他国家承认学历的各类学校在校生不可报考。

北京春季高考开始并没有表现出十足的吸引力，首批计划招生 1715 人，其中，本科批次仅有 102 个名额且应届考生不能报考。当年报名人数也仅有 1101 人，春考初年就出现报名人数少于招生人数的状况。2000 年春考最终录取人数不足 400 人。录取分数按照百分制换算，理科平均分仅为 40 分，文科平均分低至 38.7 分。2001 年，北京为提升春考对考生的吸引力，加大了本科层次的招生数量，招生计划升至 1440 人，本科占到了 512 人，而且在招生专业中不乏一些热门、优势专业。2004 年以北京工业大学为首的 8 所市属高校退出北京春招，这是北京春季高考改革中的重要转折点，当年计划招生立即缩减至 1500 人，实际录取 1012 人，仅 2200 人报名。2005 年 1 月，北京组织该年度的春季高考。北京教育考试院宣布，2005 年北京春季高考报名人数未达到计划招生数 1542 人，只有 1466 人报名，低于计划招生数 76 人，这可以说是春季高考试行 6 年来报名遭遇的最冷寒流[9]。同时，这也是北京春季高考第二次出现报名人数少于招生人数的现象。最终，2006 年北京宣布暂停春季高考，直至今日。

在组织春季高考的 6 年间，一开始社会各界人士就对春季高考表现出了浓厚的兴趣。然而，北京春季高考在改革与发展过程中由于先期准备不足、招生人数、专业和院校不具备足够吸引力等原因遭遇了许多困难与波折，实际效果也不甚理想，最终导致北京地区的春季高考改革走向停滞。

1.3.2　上海春季高考概况

上海从 2000 年开始进行春季高考改革，开始了普通高校每年两次考试、两次招生的新模式，报名条件与传统夏季高考的报名条件相同。2000 年全市报考人数为 4670 人，本、专科招生计划为 1100 人；2003 年报考人数为 8639 人；2004 年报考人数为 6600 多人，本科招生计划为 1100 人左右；2005 年报考人数为 8926 人，本科招生计划 1340 人；2006 年，上海春季高考迎来报考人数高峰，但开学后报到率却偏低。上海师范大学副校长项家祥分析说，这有多方面的原因：一方面，由于春考只允许落榜生、历届生报考，学校觉得没有好生源，拿出的往往不是热门专业，有一些还是去年秋季招生时未招满的专业；另一方面，一些成绩好的落榜生、历届生把春考看作是秋季高考前的一次"练兵"，如果没考上理想的学校和专业，宁愿再次参加秋季高考，也不愿上专科 [10]。2010 年，参加上海市春季高考招生的部分高校实行春季高考秋季入学的新模式，录取考生将在秋季同夏季高考新生一起入学。2014 年 11 月《2015 年上海市普通高校春季考试招生试点方案》由上海市教委公布，该方案提出了新的志愿填报方式和考试内容。方案具体内容见附录 1。同时，更多如上海理工大学、华东政法大学等本科高校参与春季高考招生。上海春季高考历年报名人数和招生计划见表 1-5；历年上海春季高考招生院校及院校数量变化见表 1-6。

历年上海春季高考的报名人数和招生计划人数　　　　　　　　　表 1-5

招生年份	报名人数	招生计划人数
2004	6600+	1100+
2005	8926	1340
2006	12022	1230
2007	8479	1862
2008	6177	1568
2009	4500+	950
2010	4540	580
2011	3000+	550
2012	1187	500

续表

招生年份	报名人数	招生计划人数
2013	924	260
2014	966	488
2015	20000+	1640
2016	55113	2010
2017	51000+	2211
2018	50000+	2237

历年上海春季高考本科层次招生院校   表 1-6

招生年份	招生院校
2008、2009、2010、2011	上海大学、上海师范大学、上海工程技术大学、上海商学院、上海师范大学天华学院（共 5 所）
2012	上海师范大学、上海工程技术大学、上海商学院、上海师范大学天华学院（共 4 所）
2013、2014	上海师范大学、上海工程技术大学、上海商学院、上海杉达学院、上海师范大学天华学院（共 5 所）
2015	上海理工大学、上海海事大学、华东政法大学、上海海洋大学、上海电力学院、上海大学、上海中医药大学、上海师范大学、上海对外经贸大学、上海工程技术大学、上海应用技术学院、上海金融学院、上海立信会计学院、上海第二工业大学、上海电机学院、上海商学院、上海政法学院、上海杉达学院、上海建桥学院、上海兴伟学院、上海师范大学天华学院、上海外国语大学贤达人文经济学院（共 22 所）
2016	上海理工大学、上海立信会计学院、上海海事大学、上海第二工业大学、华东政法大学、上海电机学院、上海海洋大学、上海商学院、上海电力学院、上海政法学院、上海大学、上海杉达学院、上海中医药大学、上海建桥学院、上海师范大学、上海兴伟学院、上海对外经贸大学、上海师范大学天华学院、上海工程技术大学、上海外国语大学贤达经济人文学院、上海应用技术学院、上海健康医学院、上海金融学院（共 23 所）
2017、2018	上海理工大学、上海海事大学、上海戏剧学院、华东政法大学、上海海洋大学、上海电力学院、上海大学、上海中医药大学、上海师范大学、上海对外经贸大学、上海工程技术大学、上海应用技术大学、上海立信会计金融学院、上海第二工业大学、上海电机学院、上海商学院、上海政法学院、上海健康医学院、上海杉达学院、上海建桥学院、上海兴伟学院、上海师范大学天华学院、上海外国语大学贤达经济人文学院（共 23 所）

　　一项以上海市 2018 届高三生为对象，以了解上海高中生对春季高考的态度为目的的调查显示学生普遍愿意参加春考，普通高中学生意愿更强烈，家长和学校也普遍支持学生参加春季高考[11]。这说明 2014 年上海市出台的一系列针对春季高考的政策措施是富有成效的，使学生和家长对春季高考有了期待，愿意参与其中。同时，该调查也指出，虽然学生有参与春季高考的意愿，但招生高校的质量与数量还是令人不甚满意。

1.3.3 天津春季高考概况

天津市从 1999 年开始举行春季高考。参加天津春季高考必须注册天津市正式学籍，按天津考生待遇参加春季高考和招生录取。1999 ~ 2013 年，天津春考共招生 5 万余人，毕业 2 万多人，为社会培养输送了一批理论基础扎实、实践技能出众的复合型人才。

现在，天津市每年仍在组织春季高考。天津春考内容为语文、数学、外语、计算机基础四科。与普通高考相比，春季高考难度较低。春季高考四科满分为 600 分。专科录取分数线一般为 220 分左右，本科录取分数线为 460 分左右。天津市参加春招的院校主要为高职院校，如天津城市职业学院、天津公安警官职业学院等，仅个别本科院校参与招生，如天津大学、天津师范大学，且参与招生的本科高校招生专业多为专科批次。春考生进入高校后进行专科学习，成绩优秀者通过专升本考试可继续到本科院校学习，取得本科学历。此外，参加春季高考的考生不论录取与否，均可继续参加天津地区的夏季高考，若同时被春季高考和夏季高考录取，可依照考生意愿自主选择。

天津春季高考考生与夏季高考的学生实行混合编班，课程设置与夏季高考考生相同，毕业时颁发国家统招的高校毕业证书。也就是说春季高考录取考生，在学习期间和毕业的待遇同夏季考生是完全相同的 [12]。与传统夏季高考相比，天津春季高考的缺点和处境与其他地区相似，具体表现为对考生吸引力不足、影响力有限等方面。

1.3.4 安徽春季高考概况

2000 年，安徽试行春季高考改革，重点面向往届考生。首次组织春季高考，竞争就十分激烈，本科、专科和高职三个招生批次招生总计划 6191 人，考生高达 3.5 万人。2001 年，安徽春季高考依旧火爆，参加该年度招生的高校共 40 所。其中，安徽省属高校 37 所、上海市高校 3 所，计划招生人数 7372 人。2002 年，安徽春季高考实录考生人数 7713 人，比 2001 年度增加 700 余人，该年度春考录取本科生 3014 人，其中有 8 所高校超招。高职（专科）录取 4699 人，安徽大学、安徽经管干部学院、电子信息技术学院、安徽警官职业学院、安徽省教院、宿州师专、池州师专等校超招，而部分生源不足的高职院校，采取降分录取政策后，仍未招满。2003 年，约 3.4 万人报名参加春考，与首次组织春季高考的 2000 年基本持平。2004 年，43 所安徽省属高校参加春季招生，计划招生 14125 人。其中，本科生 1845 人，计划人数相较往年大为缩减，而高职（专科）批次在 2004 年的招生计划达 12280 人，超 2003 年近 7000 人的招生计划。

2005 年，安徽取消春季高考，直至现在。

1.3.5   内蒙古春季高考概况

内蒙古自治区于 2001 年开始试行春季高考。2002 年 17107 名学生报名参加春季高考，比 2001 年增加 6491 人，招生计划总数 5070 人。其中，本科批次 1755 人、专科（含高职）批次 3315 人。2003 年招生总计划人数为 2785 人，其中本科 725 人，专科（含高职）2060 人。该年度春考招生计划主要来自于内蒙古区属 5 所院校和北京市属的 14 所高校，内蒙古区属高校招生计划全部为专科（含高职）。该年度春季招生考试的科目设置为"3+X"，语文、数学和外语 3 门必考课程且外语听力测试成绩计入总分，还需选考文科综合或理科综合。2004 年，内蒙古叫停春季高考，直至今日，成为试行春季高考时间最短的地区。

1.3.6   福建春季高考概况

福建春季高考又称高职招考和高职单招，全称福建省高等职业教育入学考试，主要面向中职生与普通高中生。

福建春季高考每年 1 月举行考试，3、4 月开展录取，9 月份入学。考试内容针对不同对象分为面向普通高中和面向中职学校两类。面向普通高中生的考试内容为语文、数学、英语、信息技术，每科满分 150 分，不分文理；招生录取按普高、中职两类分别进行。已被录取的考生不得参加夏季高考，未被录取的考生可在 4 月份补报夏季高考。参与招生院校主要为高职院校，少数为本科院校。2015 ~ 2018 年福建春考本科招生院校见表 1-7。

2015 ~ 2018 年福建春考本科招生院校 表 1-7

招生年份	招生高校
2015	福建工程学院、福建江夏学院、福建警察学院、福建农林大学东方学院、福建农林大学金山学院、福建师范大学（福清校区）、福建师范大学闽南科技学院、福建师范大学协和学院、福州大学阳光学院、福州大学至诚学院、福州外语外贸学院、华侨大学厦门工学院、集美大学诚毅学院、龙岩学院、闽江学院、闽南理工学院、宁德师范学院、莆田学院、泉州师范学院、泉州信息工程学院、三明学院、武夷学院、厦门理工学院、仰恩大学（共 24 所）
2016	福建工程学院、福建江夏学院、福建警察学院、福建农林大学东方学院、福建农林大学金山学院、福建师范大学闽南科技学院、福建师范大学协和学院、福州大学至诚学院、福州理工学院、福州外语外贸学院、集美大学诚毅学院、龙岩学院、闽江学院、闽南理工学院、宁德师范学院、泉州师范学院、泉州信息工程学院、三明学院、武夷学院、厦门工学院、厦门华厦学院、仰恩大学、莆田学院、厦门工学院（共 24 所）

招生年份	招生高校
2017	福建工程学院、三明学院、武夷学院、闽江学院、泉州信息工程学院、厦门理工学院、闽南理工学院、龙岩学院、莆田学院、泉州师范学院（共 10 所）
2018	福建工程学院、福建江夏学院、三明学院、武夷学院、龙岩学院、厦门理工学院、莆田学院、闽江学院、泉州师范学院（共 9 所）

北京、安徽和内蒙古在组织春季高考的数年内迅速走向衰落，于 2004 ~ 2006 年间纷纷停止组织考试。天津与福建春季高考至今仍在组织考试，为社会培养了一大批技能型人才。上海市春季高考在 2014 年改革后焕发出新的生机，成功地调动了考生和家长的积极性，为其他组织春考的地区提供了改革经验。

1.4　春季高考的特点

春季高考给了考生更多的选项，除国家承认学历的各类高等学校和各类高中在校生之外，凡符合相关规定的人员均可选择参加春季高考。春季高考与传统夏季高考相比，有以下特点：

1. 招生对象

春季高考重点面向中等学校毕业生（含职业中专、普通中专、成人中专、职业高中）、夏季高考落榜生，普通高中毕业生也可参加。以往，中职学校的考生毕业后只能选择就业，现在可以通过参加春季高考获得进入高校进行本科学习的机会。本科毕业后还可以选择继续深造，攻读研究生，为中职学校的学生提供了更多的选择和出路。

2. 招生院校

春季高考只能填报该年度在春季高考有招生计划的学校，主要为省内院校和民办高校，这使省内普通高校在招生时享有更多的自主权。除通常的夏季高考招生外，学校还可选择性地参加春季高考招生。当学校有扩大招生的条件并对该年度春季高考生源质量满意时，学校就可以扩大招生规模；如果学校没有扩大招生的条件或者对春季高考考生生源不满意时，也可以选择不参与或者缩减春季高考的招生人数 [13]。

3. 考试命题方式

春季高考由省（市）统一命题，统一组织考试，主要为高职院校和少数本科院校选拔生源。春季高考作为少数地区进行的试点改革制度，并未在全国范围内得到推广。同时，各个试点地区区域发展水平、教育水平和生源情况等都大不相同，不具备统一命题的条件，只能各个试点地区自行命题并组织考试。

4. 考试科目

以山东、天津和上海为例，其春季高考考试科目与传统夏季高考有诸多不同。

春季高考的目标是为了培养应用型技能人才，满足社会对高素质技能型人才的需求。因此，山东春季高考采取"理论＋技能"的考试形式，"理论"部分考试科目为语文、数学、英语及专业知识；"技能"部分重点考查专业基本技能和实际操作。而山东夏季高考采用"3＋综合"模式，除语文、数学、英语3个必考科目外，还需选考理科或文科综合。

天津春季高考内容为中职学校所学语文、计算机基础、数学、英语四科，不同于夏季高考"3＋综合"的考试模式。

最初，上海的春季高考科目为语文、数学、英语，经2014年改革之后，考试方案分为统一文化考试和院校自主测试两部分，统一文化考试部分科目仍为语文、数学、英语3门不变，语文、数学试卷由高中学业水平考试和附加试题两部分构成，分值分别为120分和30分，总分150分；英语试卷为高中学业水平考试试卷，分值为100分；统一文化考试总分为400分。而新增设的院校自主测试内容由招生院校根据学校及专业特点自行确定，测试科目一般为面试或技能测试，总分200分。所有科目考试总分为600分。与上海夏季高考的"3+1"模式有所不同。

以上地区春季高考考试的科目设置与传统夏季高考最大的不同在于不再对考生进行全面的理论知识考查，而是采取了知识与技能并重的考试模式，增加了对专业技能的考查，使春季高考的考试科目更加符合中职考生实际的知识技能结构，突出了春季高考的目标。

1.5 春季高考存在的问题

春季高考试点改革至今，出现许多不同于夏季高考的问题，甚至造成了部分省市的停招，仍在组织考试的地区也面临着继续改革的紧迫压力。

总体而言，春季高考改革在少数地区的试点并不成功。因此，春季高考制度并没有在全国组织推广。春季高考的初衷是想通过增加考试次数的方式来分担传统夏季高考给考生所带来的巨大压力。就其初衷而言，春季高考本应受到各界的欢迎，但由于在以下几方面存在不足，导致春季高考出现不温不火的局面。

1. 春季高考生源复杂

春季高考是我国在长期高考改革探索中的新尝试。为顺利开展春季高考并保持夏季高考的稳定，因而将中职生和往届生作为春季高考的重点招生对象。如北京、上海等春季高考试点地区最初的招生对象主要是夏季高考落榜生，山东省春季高考最初主要面向三校生（职专、中专、技校生）。这种做法给春季高考制度埋下难以根除的制度弊病：由往届生和中职生组成应试人群，学业水平普遍不高，招生院校在经历数届招生之后，多数高校尤其是公办重点院校不愿再参与春季高考的招生。

为改变这种局面，各试点地区相继开放应届普高生参加春季高考。开放普高生参报的春季高考考生生源组成复杂，生源专业知识技能水平参差不齐，导致春季高考考试难度系数小，不能准确地区分考生真实知识技能水平，无法为高校尤其是重点院校选拔合格生源。

2. 春季高考吸引力偏弱

2015 年 5 月 19 日，国务院正式印发《中国制造 2025》。为逐步实现制造强国的战略目标，各类型人才的需求不断增加。为满足该需求，高校招生计划连年增长，录取率不断提高，至 2017 年，全国高考报名人数 940 万人，录取人数为 700 万人，录报比约为 0.75，有些地区的录报比已达 0.8、0.85。这对春季高考产生直接的冲击，一方面高校扩招政策让考生入学难度降低，即便成绩较差的考生也有机会通过夏季高考进入本科高校，考生没有必要通过参加春考来获得入学机会；另一方面，放眼所有春季高考改革试点地区，自组织考试以来，参与招生的院校多为本地区高校且重点院校数量稀少，招生院校大多为高职院校和民办高校。这意味着即便通过春季高考获得了接受高等教育的机会，所获得的高等教育资源质量也无法与传统夏季高考相提并论。考试次数的变化并没有使考生进入重点院校的机会增加，无法引起广大考生的兴趣。

春季高考通过增加考试次数的方式让更多考生能够获得接受高等教育的机会，这本该是考生喜闻乐见的，但高校扩招政策在实施过程中实现春季高考想要实现而未能实现的目标，从而促使春季高考走向衰落。

3. 春季高考学生培养经验不足

多数春季招生高校，在教学方案、管理模式等方面都缺乏针对性研究。经调查发现，个别高校采用与夏季高考学生相同的培养模式来对待春季高考学生，造成春季高考学生无法跟进课程进度，大面积不及格现象频发[14]。另外，由于高校教学资源紧张、培养经验不足、春季高考只在部分省份进行试点等原因，社会对春季高考不认可，导致春季招生学生就业困难。负面社会评价和不良就业情况加剧春季高考走向衰败。

各国高等教育招生模式互有不同。法国不设置全国统一高校入学考试，而是采取高校入学证书制，学生通过高中毕业考试并获得毕业资格证书就有进入大学学习的预备资格[15]，英国也是该种制度的典型代表。与英法不同，美国高校实行选拔性招生制度、开放性招生制度和特殊招生制度并存的高校招生模式。欧美各国的招生模式与春季高考和夏季高考组成的一年两考模式大不相同，其招生模式并不适用于我国春季高考试点改革。

日本不同于欧美，日本采取二次考试的办法[16]，第一次考核考查语文、数学、科学等 5 ~ 7 门科目，了解学生的学习成绩；第二次考试由各高校进行学术测验，考查学生学术性、创造性思维等，根据测试结果决定其入学后到何种专业学习。日本模式与我国会考后进行夏季高考的模式相似，但又不同于春季高考近似同一时间考试两次的模式，日本模式同样无法适用于我国春季高考改革。

4. 专业划分有待优化

以环境科学与工程专业为例，山东省春季高考本科批次的招生专业中，土建类包括环境科学与工程、工程管理、土木工程和测绘工程 4 个专业（2019 年土建类采矿技术方向不再进行招生），而在中职学校专业划分中，土木水利类划分为 19 个具体专业，多为市政、建筑、道桥、水利、测量等，缺失有关环境科学的具体专业设置。再以国际经济与贸易专业为例，山东省春季高考本科批次的招生专业中，财经类包括会计学、财务管理和国际经济与贸易等专业，而在中职学校专业划分中，财经商贸类划分为 22 个具体专业，多为会计电算化、统计事务、金融事务、信托事务、医药卫生财会等，并未包括国际经济与贸易专业。

通过春考进入以上本科专业进行学习的考生，在入学前并未系统地学习过有关专业的知识，不具备学习该专业本科层次的知识时所需的基础理论与技能。这类春考生在理论基础上无法与夏季高考的本科生相比，在专业技能上也不具备任何优势。这样就造成了既要增加理论课学习让春季高考本科生能达到一定的理论水平，又要从零开始学习专业课，由于本科生在校学习的总学时是固定的，那么用于专业技能的提高练习、实践的时间就不可能增加很多，甚至跟夏季高考本科生相比没有任何的增加，这样就无法实现培养技能型人才的这一目标[17]。

有专家指出，夏季高考与春季高考若要达到相同的地位，实现二次考试、二次录取，应该为同等水平的考试，两次考试的成绩等效，都可以作为申请高校入学的成绩。高校可以分两次录取学生。这样，春夏季高考才会给考生和高校共同的机会。但目前的春季高考，还只能是夏季高考的一种补充与拾遗，地位差别巨大，春季高考的改革力度还需要进一步加大。

1.6　本章小结

春季高考是对《深化改革方案》中所提一年两考方案的探索尝试。

　　山东省春季高考从 2012 年开始组织考试，报考人数不断增加，本科招生计划连续增加数年后保持在万人以上；招生专业类别数量先增后减，不断调试以求更加合理；考试科目与内容在 2014 年发生变化，更加符合中职考生的知识结构；2018 年山东省政府出台新文件对春季高考的考试形式进行新的调整。

　　从 1999 年开始，我国陆续在 7 个省市、地区开展了春季高考试点改革。北京、安徽和内蒙古纷纷在 2004 ~ 2006 年间停止组织春季高考，到 2018 年为止仍在组织春季高考的地区除山东外还有上海、天津和福建。

　　各地春季高考由省（市）统一命题，统一组织考试，考试内容分为理论和技能两部分，招生对象主要为中职生和普高往届生，招生院校多为本地区内的高职院校和本科院校。

　　春季高考存在的主要问题为春季高考生源组成复杂，学业、技能水平参差不齐；由于公立高校逐渐退出春季高考招生等原因导致春季高考对考生吸引力下降；招生院校对于春考生的培养与管理缺乏经验，造成学生毕业后社会认可度较低；招生专业划分不合理引起部分中职生入学后所学知识无法与中职阶段知识对接。

第2章

山东春季高考招生

2.1　历年招生专业

山东省历年春季高考招生专业类别数量及变化情况如图 2-1 所示。

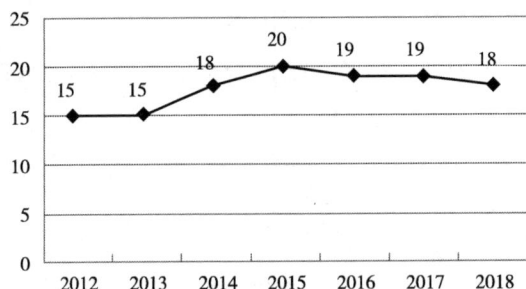

图 2-1　山东省历年春季高考招生专业类别变化

由图 2-1 可以发现历年的招生专业类别数均在 15 ～ 20 个之间，专业类别数量变化较为平稳。2013 ～ 2015 年招生专业类别数量持续增加，最多达到了 20 个。之后数年，经过合并后的专业类别数稳定在 18 个。春季高考所涉及的专业类别多集中于工、农、商、医科等应用型学科。涉及的省内本科招生具体专业数量及变化如图 2-2 所示。

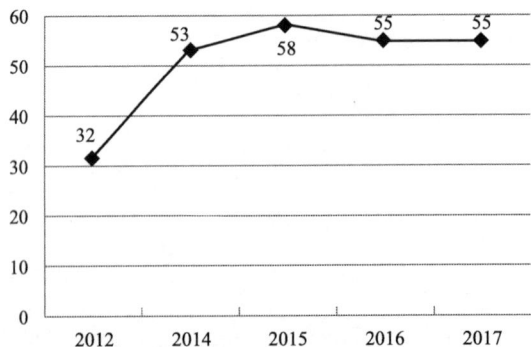

图 2-2　本科招生具体专业数量变化

以 2017 年为例，该年度各个招生类别中的具体专业如表 2-1 所示。

2017 年各专业类别具体专业　　　　　表 2-1

专业类别	具体专业
医药	医（药）学检验技术、制药工程、药学、医药影像技术（共 4 个）
财经	财务管理、会计学、国际经济与贸易、金融工程（共 4 个）
护理	护理学、康复治疗学（共 2 个）
机电一体化	电气工程及其自动化、机械电子工程、自动化、机械设计制造及其自动化（共 4 个）
机械	机械设计制造及其自动化、材料成型及控制工程、机械电子工程、船舶与海洋工程（共 4 个）
旅游	旅游管理、酒店管理（共 2 个）
汽车	交通运输、汽车服务工程、车辆工程（共 3 个）
商贸	市场营销、电子商务、物流管理、工商管理、国际商务、物流工程（共 6 个）
信息技术	网络工程、数字媒体技术、计算机科学与技术、软件工程、信息管理与信息系统、通信工程、通信技术（共 7 个）
学前教育	学前教育
土建	测绘工程、土木工程、环境工程、工程管理、环境科学与工程、工程造价（共 6 个）
服装	服装设计与工程、纺织工程（共 2 个）
畜牧养殖	动物医学
农林果蔬	园林、植物保护（共 2 个）
电工电子	电子信息工程、电子信息科学与技术（共 2 个）
化工	化学工程与工艺
烹饪	烹饪与营养教育、食品科学与工程（共 2 个）
文秘服务	汉语言文学
采矿技术	测绘工程

由图 2-2 和表 2-1 可知，专业类别和具体专业数量都在 2015 年达到顶峰后趋于稳定。2018 年专业类别数较 2017 年减少 1 个的原因是采矿技术并入土建类招生。招生具体专业大多数属于工、农、商、医科等应用型学科，与春季高考培养技能型人才的目标相适应。

2.2 历年本科招生高校

2.2.1 历年本科招生高校数量

2012 年山东省组织春季高考至今，参与招生的高校数量变化如图 2-3 所示。

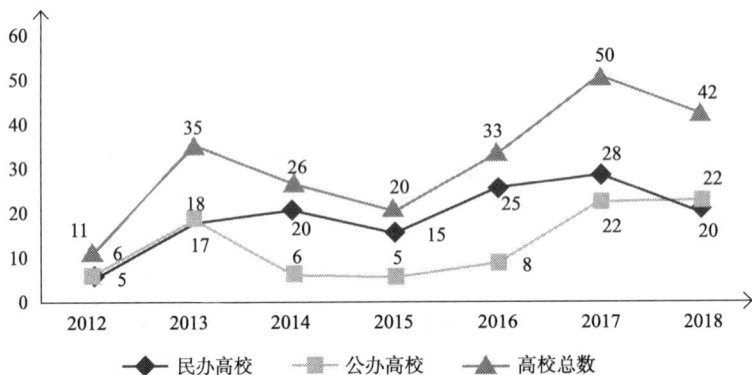

图 2-3　历年招生本科高校数量图

由图 2-3 可知，参加招生的公办高校数量在 2017 年达到高峰。2017 年，《国家教育事业发展"十三五"规划》(以下简称《规划》)发布，省内各地高校纷纷加入春季高考招生大军中。《规划》中指出要推动民办学校适应经济社会发展需要，更新办学理念，深化教育教学改革，提高办学质量[18]。因此，2017 年参加招生的民办高校数量超过公办高校数量。多年来，招生高校数量除 2015 年经历低潮和 2018 年小幅减少外，其余年份均有不同程度的数量增加。历年高校参与招生的专业类别变化情况如图 2-4 所示。

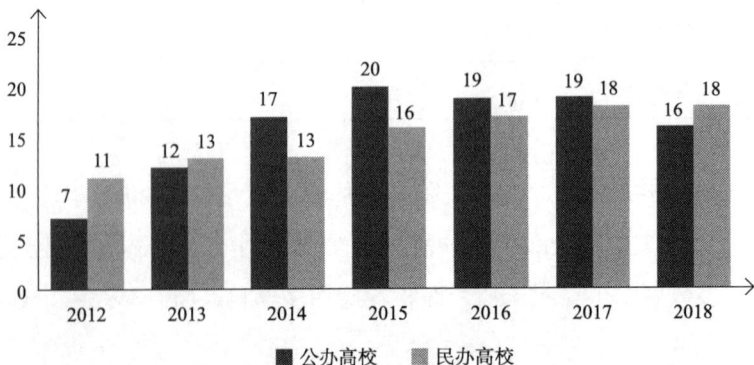

图 2-4　历年高校招生类别数量变化图

从图 2-4 可以看出，历年来，公办高校参与招生的专业类别数量变化为先增加后减少，2015 年招生专业类别数量达到历史峰值，为 20 个。这意味着公立高校招生计划分布在当年所有的专业类别当中。其他少数年份，个别专业类别无公办高校参与招生；民办高校与公办高校不同，招生专业类别数量除 2014 年、2018 年分别较上年度持平外，其余年份均较上年度有所增加。2018 年民办高校参与所有专业类别的招生。

总体而言，除 2012 年、2013 年和 2018 年参与招生的公办高校数量与民办高校数量较为均等外，其他年份参与招生的公办高校数量少于民办高校数量。民办高校参与招生的专业类别数量不断增加，而公办高校在 2015 年后参与招生的专业类别逐步减少。

2.2.2　历年本科招生高校具体情况

1. 2012 年参加春季高考招生的高校

参加该年度招生的公办高校有 5 所，分别为青岛科技大学、临沂大学、山东交通学院、山东轻工业学院和滨州医学院；民办高校有 6 所，分别为烟台南山学院、潍坊科技学院、山东万杰学院、山东英才学院、山东协和学院和青岛黄海学院。共 11 所高校参与招生。该年度参与招生的高校数量为历史最少且只在 15 个专业类别安排招生计划。以专业类别进行划分，2012 年参加春季高考招生计划的高校如图 2-5 所示。

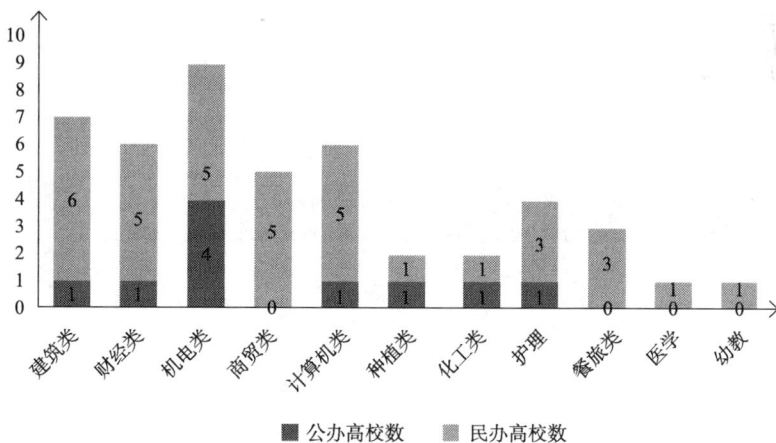

图 2-5　2012 年各专业类别公办与民办高校数量

从图 2-5 可知，2012 年山东省春季高考进行招生的专业类别共 11 个，主要是机电类、建筑类、计算机类、财经类等工、商类学科。该年度参与机电类招生的高校数量最多，为 9 个；参与医学、幼教类招生的高校数量最少，均为 1 个。商贸类、餐旅类、医学和幼教 4 个专业类别只有民办高校参与招生。机电类、种植类和化工类参与招生的公办高校与民办高校数量较为均等。

总体而言，民办高校涉及所有 11 个专业类别的招生计划，而公办高校只参与了其中 7 个专业类别的招生且高校数量较少，多数专业类别只有 1 所高校进行招生。招生高校数量最多的 3 个专业类别为机电类、建筑类和计算机类（财经类）。

2. 2013 年参加春季高考招生的高校

2013 年参加春季高考招生的公办高校和民办高校见表 2-2。2013 年各招生专业类别中公办与民办高校数量如图 2-6 所示。

2013 年参加春季高考招生的高校   表 2-2

公办高校	民办高校	高校数量
青岛科技大学、齐鲁工业大学、临沂大学、山东交通学院、德州学院、滨州学院、枣庄学院、潍坊学院、泰山学院、菏泽学院、青岛大学、济宁学院、山东女子学院、山东农业工程学院、齐鲁师范学院、滨州医学院、山东工商学院	山东万杰医学院、青岛滨海学院、烟台南山学院、潍坊科技学院、山东英才学院、青岛黄海学院、山东协和学院、青岛理工大学琴岛学院、青岛农业大学海都学院、曲阜师范大学杏坛学院、山东师范大学历山学院、聊城大学东昌学院、济南大学泉城学院、烟台大学文经学院、中国石油大学胜利学院、山东科技大学泰山科技学院、山东财经大学东方学院、山东财经大学燕山学院	35

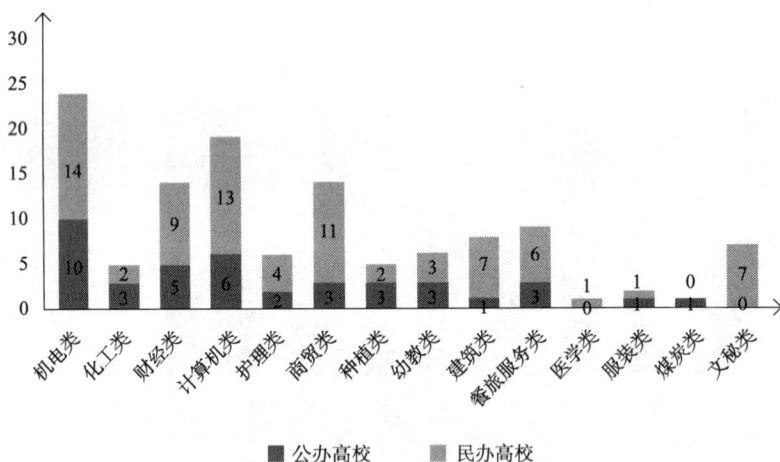

图 2-6   2013 年参加春季高考招生的高校数量图

从表 2-2 和图 2-6 可以看出，2013 年山东省春季高考进行招生的专业类别共 14 个，招生高校主要集中在机电类、计算机类、商贸类、财经类等工、商类学科。该年度参与机电类招生的高校数量最多，为 24 个；参与医学、煤炭类招生的学校数量最少，均为 1 个且医学类无公办高校参与招生。煤炭类无民办高校参与招生。幼教类、种植类、服装类和化工类参与招生的公办高校与民办高校数量较为均等。参与计算机类、商贸类和文秘类招生的公办高校与民办高校数量差距最悬殊，为 7 个。

总体而言，民办高校涉及除煤炭类外的 13 个专业类别的招生计划，而公办高校参与 12 个专业类别的招生且高校数量较少，多数专业类别只有 1 ~ 3 所高校进行招生。招生高校数量最多的 3 个专业类别为机电类、计算机类和商贸类（财经类）。

3. 2014 年参加春季高考招生的高校

2014 年参加春季高考招生的公办高校和民办高校见表 2-3。2014 年各招生专业类别中公办与民办高校数量如图 2-7 所示。

2014 年参加春季高考招生的高校　　　　　　　　　　　　表 2-3

公办高校	民办高校	高校数量
临沂大学、青岛农业大学、烟台大学、山东科技大学、青岛大学、山东建筑大学、山东交通学院、山东理工大学、潍坊学院、齐鲁工业大学、济南大学、泰山学院、枣庄学院、滨州学院、德州学院、菏泽学院、济宁学院、泰山医学院、山东工商学院、青岛理工大学	青岛滨海学院、潍坊科技学院、青岛工学院、烟台南山学院、青岛黄海学院、曲阜师范大学杏坛学院	26

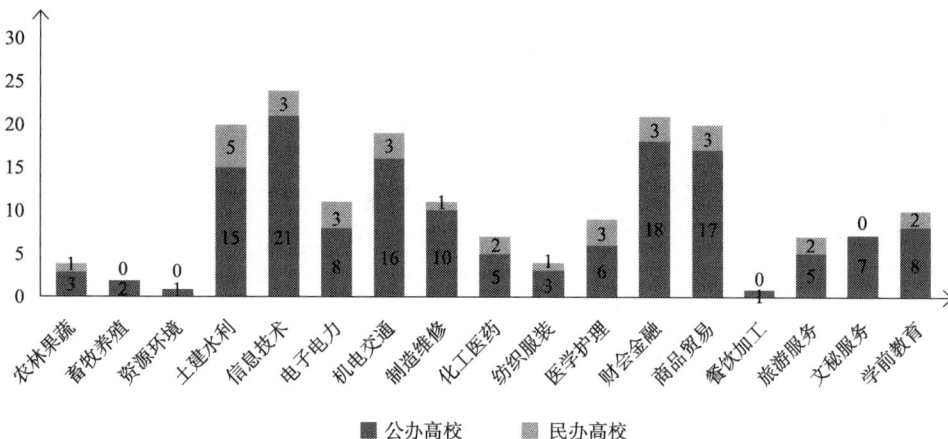

图 2-7　2014 年参加春季高考招生的高校数量图

从表 2-3 和图 2-7 可以看出，2014 年山东省春季高考进行招生的专业类别共 17 个，招生高校主要集中在信息技术类、财会金融类、土建水利类、商品贸易类等工、商类学科。该年度参与信息技术类招生的高校数量最多，为 24 个；参与餐饮加工类、资源环境类招生的学校数量最少，均为 1 个。餐饮加工类、资源环境类、畜牧养殖类和文秘服务类无民办高校参与招生。参与信息技术类招生的公办高校与民办高校数量差距最悬殊，为 18 个。

总体而言，民办高校涉及 13 个专业类别的招生计划，而公办高校参与了所有 17 个专业类别的招生且高校数量较多。招生高校数量最多的 3 个专业类别为信息技术类、财会金融类和商品贸易类（土建水利类）。

4. 2015 年参加春季高考招生的高校

2015 年参加春季高考招生的公办高校和民办高校见表 2-4。2015 年各招生专业类别中公办与民办高校数量如图 2-8 所示。

2015 年参加春季高考招生的高校　　　　　　　　表 2-4

公办高校	民办高校	高校数量
滨州学院、滨州医学院、德州学院、菏泽学院、济南大学、济宁学院、济宁医学院、聊城大学、临沂大学、鲁东大学、齐鲁工业大学、青岛大学、青岛理工大学、青岛科技大学、青岛农业大学	齐鲁理工学院、青岛滨海学院、青岛工学院、青岛恒星科技学院、青岛黄海学院	20

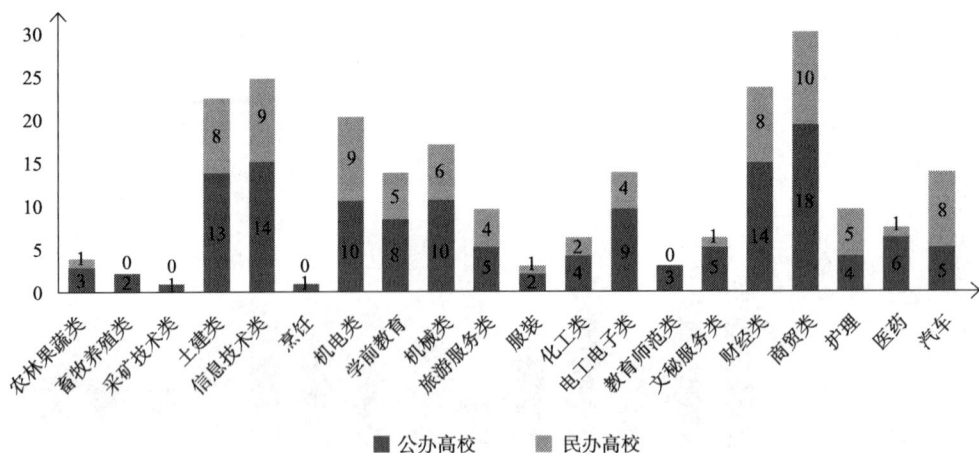

图 2-8　2015 年参加春季高考招生的高校数量图

从图 2-8 和表 2-4 可以看出，2015 年山东省春季高考进行招生的专业类别共 20 个，招生高校主要集中在商贸类、信息技术类、财经类、土建类等工、商类学科。该年度参与商贸类招生的高校数量最多，为 28 个；参与采矿技术类与烹饪类招生的学校数量最少，均为 1 个。采矿技术类、烹饪类、畜牧养殖类无民办高校参与招生。机电类、护理、旅游服务类参与招生的公办高校与民办高校数量较为均等。参与商贸类招生的公办高校与民办高校数量差距最悬殊，为 8 个。

总体而言，民办高校涉及 16 个专业类别的招生计划，而公办高校参与了该年度所有 20 个专业类别的招生且高校数量大为增加，商贸类中参加招生的公立高校数量高达 18 所，多数专业类别有 4 ~ 10 所高校进行招生。招生高校数量最多的 3 个专业类别为商贸类、信息技术类和财经类。

5. 2016 年参加春季高考招生的高校

2016 年参加春季高考招生的公办高校和民办高校见表 2-5。2016 年各招生专业类别中公办与民办高校数量如图 2-9 所示。

2016 年参加春季高考招生的高校　表 2-5

公办高校	民办高校	高校数量
临沂大学、青岛农业大学、烟台大学、山东科技大学、青岛大学、山东建筑大学、山东交通学院、山东理工大学、潍坊学院、齐鲁工业大学、济南大学、泰山学院、枣庄学院、滨州学院、德州学院、菏泽学院、济宁学院、济宁医学院、泰山医学院、青岛理工大学、山东工商学院、青岛科技大学、滨州医学院、潍坊医学院	潍坊科技学院、烟台南山学院、青岛滨海学院、青岛黄海学院、曲阜师范大学杏坛学院、山东协和学院、山东英才学院、山东万杰医学院、青岛工学院	33

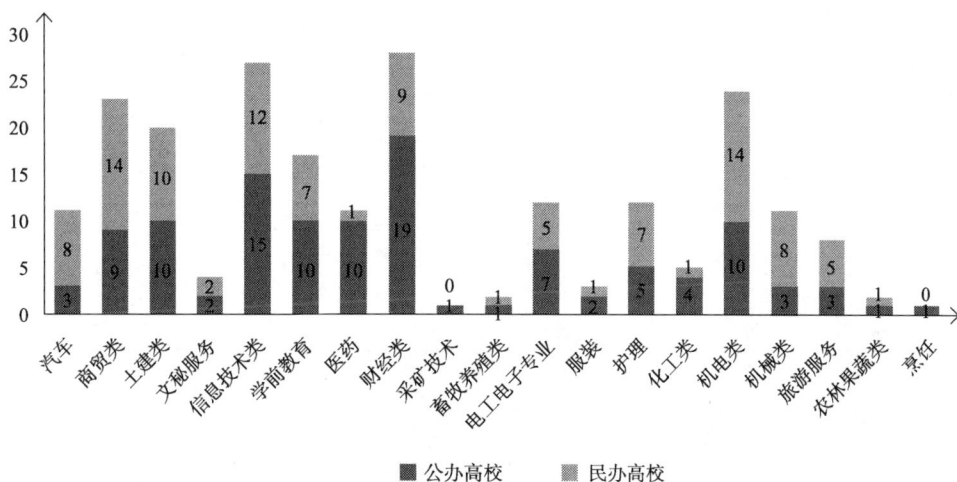

图 2-9　2016 年参加春季高考招生高校数量图

从表 2-5 和图 2-9 可以看出，2016 年山东省春季高考进行招生的专业类别共 19 个，招生高校主要集中在财经类、信息技术类、机电类、商贸类等工、商类学科。该年度参与财经类招生的高校数量最多，为 28 个；参与采矿技术类与烹饪类招生的学校数量最少，均为 1 个。采矿技术类、烹饪类无民办高校参与招生。农林果蔬类、畜牧养殖类、土建类参与招生的公办高校与民办高校数量较为均等。参与财经类招生的公办高校与民办高校数量差距最悬殊，为 10 个。

总体而言，民办高校涉及 17 个专业类别的招生计划，而公办高校参与了该年度所有 19 个专业类别的招生，商贸类中参加招生的公立高校数量高达 19 所，多数专业类别有 3 ~ 10 所高校进行招生。招生高校数量最多的 3 个专业类别为财经类、信息技术类和机电类。

6. 2017 年参加春季高考招生的高校

2017 年参加春季高考招生的公办高校和民办高校见表 2-6。2017 年各招生专业类别中公办与民办高校数量如图 2-10 所示。

2017 年参加春季高考招生的高校 表 2-6

公办高校	民办高校	高校数量
山东科技大学、济南大学、山东建筑大学、山东理工大学、青岛农业大学、潍坊医学院、济宁医学院、滨州医学院、德州学院、聊城大学、滨州学院、鲁东大学、泰山学院、临沂大学、济宁学院、菏泽学院、枣庄学院、青岛大学、烟台大学、潍坊学院、山东交通学院、山东工商学院、山东女子学院、青岛理工大学、齐鲁师范学院、山东青年政治学院、山东管理学院	齐鲁医药学院、烟台南山学院、潍坊科技学院、青岛恒星科技学院、山东英才学院、山东现代学院、青岛黄海学院、山东协和学院、烟台大学文经学院、青岛理工大学琴岛学院、山东财经大学燕山学院、中国石油大学胜利学院、山东科技大学泰山科技学院、山东华宇工学院、青岛工学院、青岛农业大学海都学院、齐鲁理工学院、山东财经大学东方学院、山东师范大学历山学院、聊城大学东昌学院、山东农业工程学院、济南大学泉城学院、青岛滨海学院	50

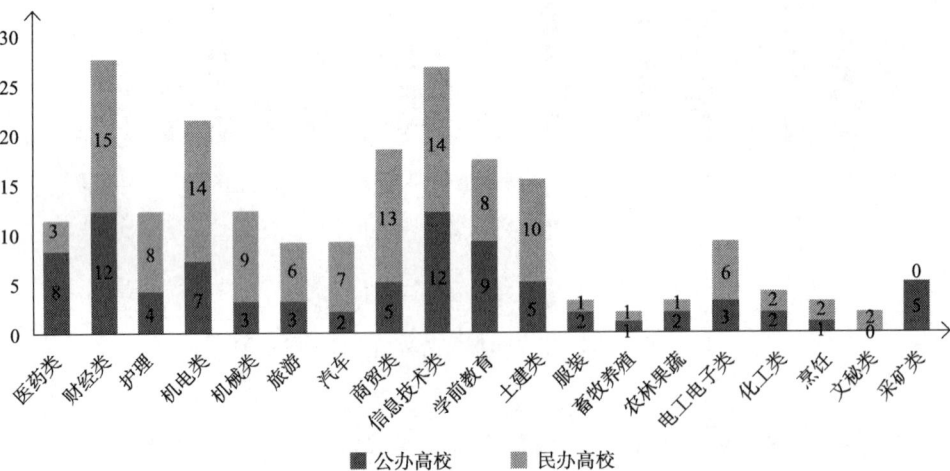

图 2-10 2017 年参加春季高考招生高校数量图

从表 2-6 和图 2-10 可以看出，2017 年山东省春季高考进行招生的专业类别共19 个，招生高校主要集中在财经类、信息技术类、机电类、商贸类等工、商类学科。该年度参与财经类招生的高校数量最多，为 27 个；参与文秘类招生的学校数量最少，为 1 个且无公办高校参与招生。文秘类、化工类、畜牧养殖类和学前教育参与招生的公办高校与民办高校数量较为均等。参与商贸类和机电类招生的公办高校与民办高校数量差距最悬殊，分别为 8 个和 7 个。

总体而言，民办高校涉及 18 个专业类别的招生计划，而公办高校参与了该年度所有 18 个专业类别的招生，财经类和信息技术类中参加招生的公立高校数量最多，均为 12 所，多数专业类别有 2 ~ 9 所高校进行招生。招生高校数量最多的 3 个专业类别为财经类、信息技术类和机电类。

7. 2018 年参加春季高考招生的高校

2018 年参加春季高考招生的公办高校和民办高校见表 2-7。2018 年各招生专业类别中公办与民办高校数量如图 2-11 所示。

2018 年参加春季高考招生的高校　　表 2-7

公办高校	民办高校	高校数量
潍坊医学院、滨州医学院、济宁医学院、德州学院、滨州学院、临沂大学、泰山学院、济宁学院、菏泽学院、枣庄学院、青岛大学、潍坊学院、山东交通学院、山东工商学院、山东女子学院、齐鲁师范学院、山东青年政治学院、山东科技大学、山东农业工程学院、山东管理学院	烟台南山学院、潍坊科技学院、山东英才学院、齐鲁医药学院、青岛滨海学院、青岛恒星科技学院、青岛黄海学院、山东现代学院、山东协和学院、烟台大学文经学院、青岛理工大学琴岛学院、山东财经大学燕山学院、中国石油大学胜利学院、山东科技大学泰山科技学院、山东华宇工学院、青岛工学院、青岛农业大学海都学院、齐鲁理工学院、山东财经大学东方学院、山东师范大学历山学院、聊城大学东昌学院、济南大学泉城学院	42

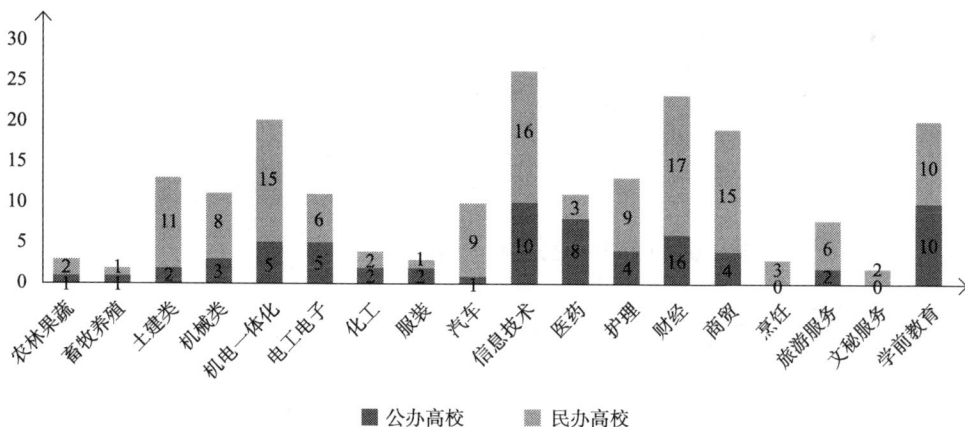

图 2-11　2018 年参加春季高考招生高校数量图

从表 2-7 和图 2-11 可以看出，2018 年山东省春季高考进行招生的专业类别共 18 个，招生高校主要集中在信息技术、财经、机电一体化、学前教育等工、商、师范类学科。该年度参与信息技术类招生的高校数量最多，为 26 个；参与文秘服务类与畜牧养殖类招生的学校数量最少，均为 2 个。烹饪类和文秘服务类无公办高校招生。农林果蔬类、畜牧养殖类、化工类、学前教育类参与招生的公办高校与民办高校数量较为均等。参与财经类和商贸类招生的公办高校与民办高校数量差距最悬殊，为 11 个。

总体而言，民办高校涉及全部 18 个专业类别的招生计划，而公办高校参与了该年度除烹饪、文秘服务以外 16 个专业类别的招生，信息技术类和学前教育类中参加招生的公立高校数量最多，均为 10 所，多数专业类别有 3 ～ 6 所高校进行招生。招生高校数量最多的 3 个专业类别为信息技术类、财经类和机电一体化（学前教育）。

2.3 历年本科招生人数

2012 年山东省首次组织春季高考，本科层次招生计划人数仅为 2280 人。到2014 年，本科层次招生计划人数突破万人，达到 10460 人。从 2014 ～ 2018 年，本科招生计划人数均未少于万人。具体变化如图 2-12 所示。

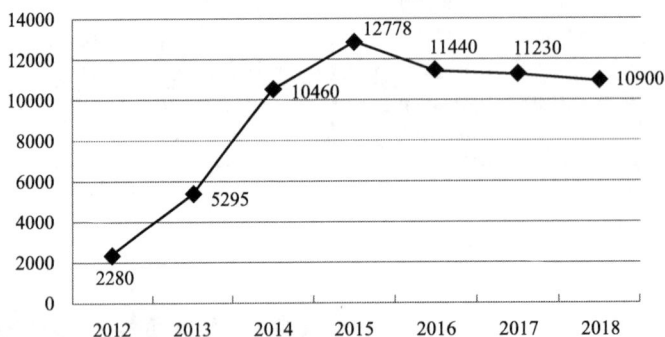

图 2-12 历年本科招生计划人数变化

2.3.1 历年各个专业类别本科招生人数情况

1. 2012 年本科招生人数情况

2012 年山东省春季高考本科层次招生总人数为 2280 人，招生计划人数前 6 位的专业类别及其招生计划数见表 2-8。招生计划数前 6 位的专业类别计划数所占计划总人数的比例如图 2-13 所示。

由表 2-8 和图 2-13 可知，2012 年招生计划数前 6 位的专业类别计划数占招生计划总人数的比例为 83.9%，共 1914 人。其中招生计划人数最多的专业类别为机电类，最少的专业类别为商贸类，两者占计划总人数的比例差值达 25.5%。专业类别占招生计划总人数的比例平均数约为 14.0%，中位数约为 11.2%。机电类招生计划人数约等于招生计划总人数的 1/3，机电类成为该年度招生力度最大的专业类别。

2012 年各个专业类别招生计划人数（前 6 位）　　　　表 2-8

专业类别	招生计划人数
机电类	745
建筑类	281
计算机类	276
护理类	233
财经类	215
商贸类	164

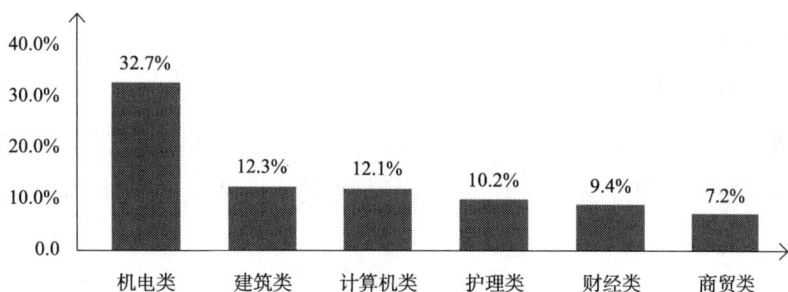

图 2-13　2012 年各专业类别招生计划数占计划总人数的比例（前 6 位）

2. 2014 年本科招生人数情况

2014 年山东省春季高考本科层次招生总人数为 10460 人，招生计划人数前 6 位的专业类别及其招生计划数见表 2-9。招生计划数前 6 位的专业类别计划数所占计划总人数的比例如图 2-14 所示。

2014 年各专业类别招生计划人数（前 6 位）　　　　表 2-9

专业类别	招生计划人数
财会金融	1320
商品贸易	1240
信息技术	1120
土建水利	1080
机电交通	1080
医学护理	1080

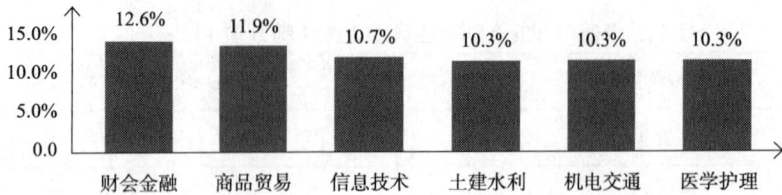

图 2-14　2014 年各专业类别招生计划数占计划总人数的比例（前 6 位）

由表 2-9 和图 2-14 可知，2014 年招生计划数前 6 位的专业类别计划数占招生计划总人数的比例为 66.2%，共 6920 人。其中招生计划人数最多的专业类别为财会金融，最少的专业类别为医学护理、机电交通和土建水利，两者占计划总人数的比例差值为 2.3%。招生计划人数前 6 位的专业类别人数占招生计划总人数的比例平均数约为 11.0%，中位数约为 10.5%。

3. 2015 年本科招生人数情况

2015 年山东省春季高考本科层次招生总人数为 12778 人，招生计划人数前 6 位的专业类别及其招生计划数见表 2-10。招生计划数前 6 位的专业类别计划数所占计划总人数的比例如图 2-15 所示。

2015 年各专业类别招生计划人数（前 6 位）　　　　表 2-10

专业类别	招生计划人数
商贸	1955
财经	1330
信息技术	1220
土建	1105
机电一体化	1009
学前教育	900

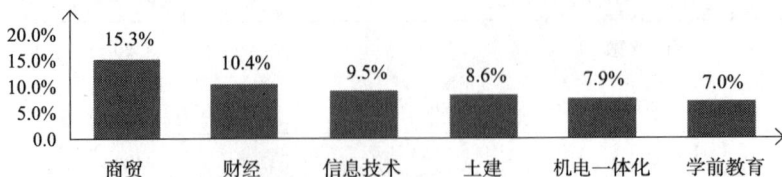

图 2-15　2015 年各专业类别招生计划数占计划总人数的比例（前 6 位）

由表 2-10 和图 2-15 可知，2015 年招生计划数前 6 位的专业类别计划数占招生计划总人数的比例为 58.7%，共 7519 人。其中招生计划人数最多的专业类别为商贸，最

少的专业类别为学前教育，两者占计划总人数的比例差值为 8.3%。招生计划人数前 6
位的专业类别人数占招生计划总人数的比例平均数约为 9.8%，中位数约为 9.1%。

4. 2016 年本科招生人数情况

2016 年山东省春季高考本科层次招生总人数为 11440 人，招生计划人数前 6 位的
专业类别及其招生计划数见表 2-11。招生计划数前 6 位的专业类别计划数所占计划总
人数的比例如图 2-16 所示。

2016 年各专业类别招生计划人数（前 6 位）　　　　表 2-11

专业类别	招生计划人数
信息技术	1550
财经	1480
商贸	1470
机电一体化	1125
学前教育	990
土建	970

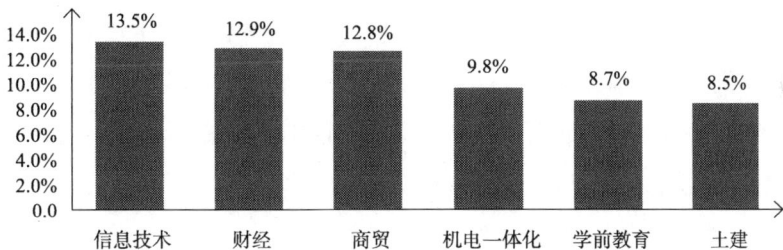

图 2-16　2016 年各专业类别招生计划数占计划总人数的比例（前 6 位）

由表 2-11 和图 2-16 可知，2016 年招生计划数前 6 位的专业类别计划数占招生计
划总人数的比例为 66.2%，共 7585 人。其中招生计划人数最多的专业类别为信息技术，
最少的专业类别为土建，两者占计划总人数的比例差值为 5.0%。其余专业类别占招生
计划总人数的比例在 8% ~ 13% 之间。招生计划人数前 6 位的专业类别人数占招生计
划总人数的比例平均数约为 11.0%，中位数约为 11.3%。

5. 2017 年本科招生人数情况

2017 年山东省春季高考本科层次招生总人数为 11230 人，招生计划人数前 6 位的
专业类别及其招生计划数见表 2-12。招生计划数前 6 位的专业类别计划数所占计划总
人数的比例如图 2-17 所示。

2017 年各专业类别招生计划人数（前 6 位） 表 2-12

专业类别	招生计划人数
信息技术	1795
机电一体化	1220
学前教育	1160
财经	1155
商贸	970
护理	830

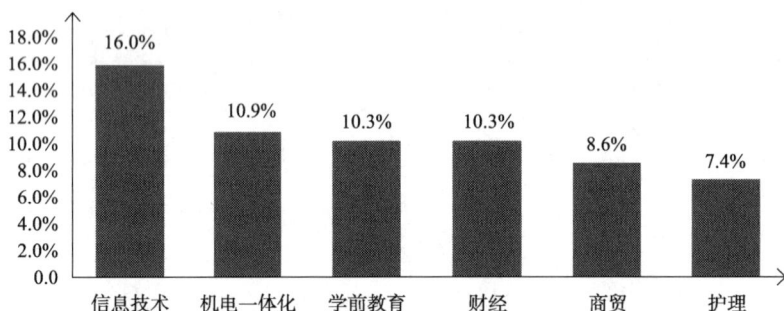

图 2-17　2017 年各专业类别招生计划数占计划总人数的比例（前 6 位）

由表 2-12 和图 2-17 可知，2017 年招生计划数前 6 位的专业类别计划数占招生计划总人数的比例为 63.5%，共 7130 人。招生计划人数最多的专业类别为信息技术，最少的专业类别为护理，两者占计划总人数的比例差值为 8.6%。专业类别占招生计划总人数的比例平均数约为 10.6%，中位数约为 10.3%。

6. 2018 年本科招生人数情况

2018 年山东省春季高考本科层次招生总人数为 10900 人，招生计划人数前 6 位的专业类别及其招生计划数见表 2-13。招生计划数前 6 位的专业类别计划数所占计划总人数的比例如图 2-18 所示。

2018 年各专业类别招生计划人数（前 6 位） 表 2-13

专业类别	招生计划人数
汽车	1760
信息技术	1295
学前教育	1260
机电一体化	1175
商贸	1170
财经	1085

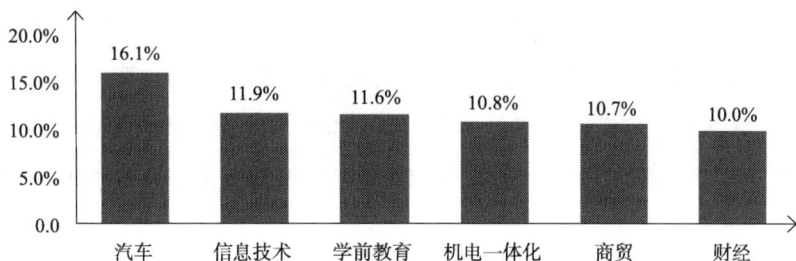

图 2-18 2018 年各专业类别招生计划数占计划总人数的比例（前 6 位）

由表 2-13 和图 2-18 可知，2017 年招生计划数前 6 位的专业类别计划数占招生计划总人数的比例为 71.1%，共 7745 人。其中招生计划人数最多的专业类别为汽车，最少的专业类别为财经，两者占计划总人数的比例差值为 6.1%。专业类别占招生计划总人数的比例平均数约为 11.8%，中位数约为 11.2%。

各年度专业类别计划数占招生计划总人数的比例如图 2-19 所示。各专业类别出现在招生计划人数前 6 位的次数统计如图 2-20 所示。

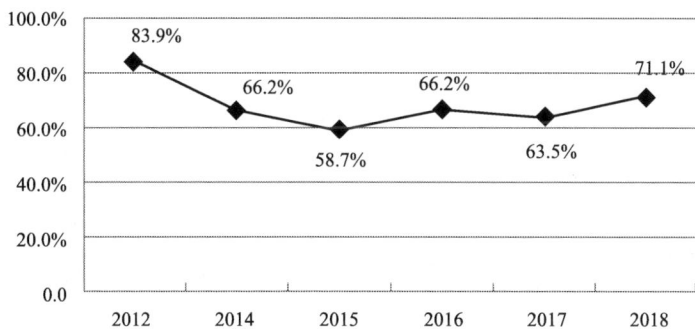

图 2-19 各年度专业类别计划数占招生计划总人数的比例

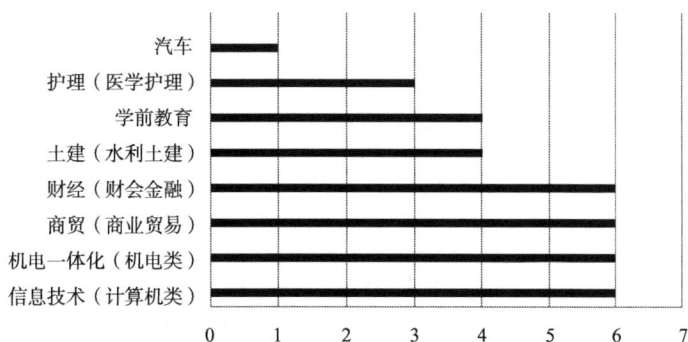

图 2-20 各专业类别出现在招生计划人数前 6 位的次数

由图 2-19 和图 2-20 可知，除 2015 年外，每年山东省春季高考本科招生计划人数前 6 位的专业类别人数都占招生计划总人数的 60% 以上，而山东省春季高考历年招生类别均未低于 15 个，多至 20 个。该现象说明招生计划数的分配集中于 30% ~ 40% 的专业类别。其中，信息技术、机电一体化、商贸和财经成为每年招生计划人数分布最多的专业类别。

2.3.2　历年各高校本科招生人数情况

由图 2-3 可知，历年来参与山东省春季高考的公办高校和民办高校在数量上都有一个先增后减再增的变化过程，但在招生计划数上的变化却不同于该过程。2012 年、2015 年和 2017 年公办高校与民办高校招生计划数见表 2-14。公办高校与民办高校计划数占招生总计划的比例如图 2-21 所示。

公办高校与民办高校招生计划数　　　　　　　　　　表 2-14

招生年份	公办高校招生计划数	人数占比	民办高校招生计划数	人数占比
2012	970	42.5%	1310	57.5%
2015	7638	59.8%	5140	40.2%
2017	3730	33.2%	7500	66.8%

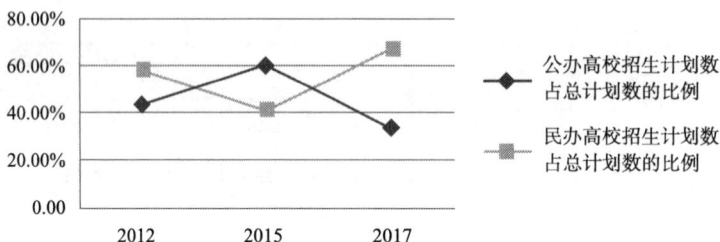

图 2-21　公办高校与民办高校招生计划数占总计划数的比例变化

由图 2-21 可知，公办高校在这三个年份的招生计划数量经历了先增后减的过程，而民办高校则经历了先减后增的过程。由图 2-12 可知 2015 年之后，每年春季高考的本科招生计划都保持在万人以上。综上可知，在 2015 年前，公立高校是春季高考招生的主力，而在 2015 年之后，民办高校成为春季高考招生的主角。为验证这种变化趋势，以青岛科技大学、山东理工大学、潍坊科技学院和青岛黄海学院 4 所院校为例，统计其历年春季高考本科招生计划人数并对其进行分析。

1. 青岛科技大学

青岛科技大学历年春季高考本科层次招生计划人数及变化如图 2-22 所示。

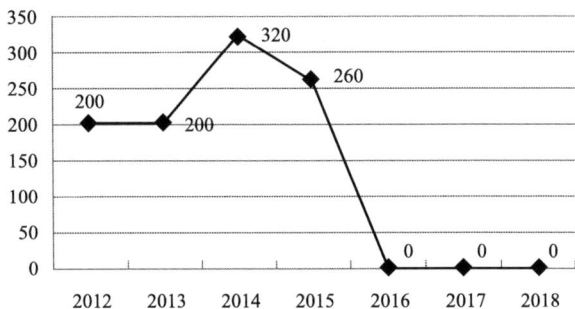

图 2-22　青岛科技大学本科层次招生计划人数

由图 2-22 可知，在青岛科技大学参与招生的年份中，最初两年的招生计划数相同，其他年份的招生计划数都较上年发生了变化。2014 年招生计划数达到历史最多，为 320 人。自 2016 年起，青岛科技大学就退出了春季高考本科招生。

2. 山东理工大学

山东理工大学历年春季高考本科层次招生计划人数及变化如图 2-23 所示。

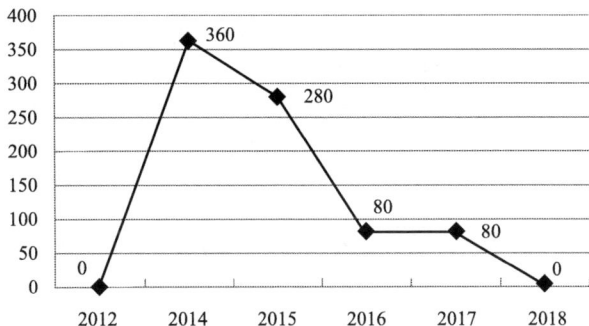

图 2-23　山东理工大学本科层次招生计划人数

由图 2-23 可知，在山东理工大学参与招生的年份中，2016 年与 2017 年招生计划人数相同，其他年份招生计划数都较上年度发生了变化。2014 年招生计划数达到历史最多，为 360 人。之后年份的招生计划数持续减少。2018 年山东理工大学没有参加春季高考本科招生。

3. 潍坊科技学院

潍坊科技学院历年春季高考本科层次招生计划人数及变化如图 2-24 所示。

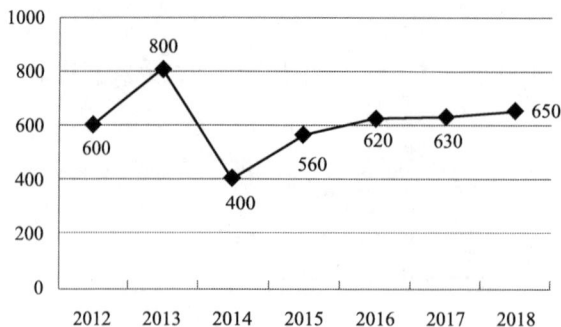

图 2-24　潍坊科技学院本科层次招生计划人数

由图 2-24 可知，在潍坊科技学院参与招生的年份中，只有 2014 年相较于上年的招生计划数量发生了减少。从 2014 ~ 2018 年招生计划数连年增加，2013 年招生计划为历史峰值，达 800 人。

4. 青岛黄海学院

青岛黄海学院历年春季高考本科层次招生计划人数及变化如图 2-25 所示。

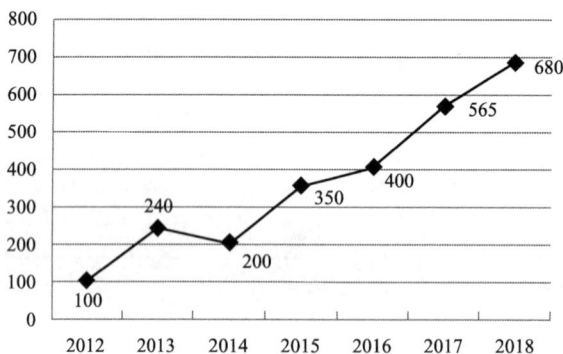

图 2-25　青岛黄海学院本科层次招生计划人数

由图 2-25 可知，青岛黄海学院从 2012 年参与招生以来，招生计划除 2014 年外其他年份都较上年度有所增加，从最初的 100 人增加至 2018 年的 680 人，增幅为 580%。

以上 4 所院校当中，青岛科技大学和山东理工大学为公办院校，潍坊科技学院和青岛黄海学院为民办高校。由图 2-22 ~ 图 2-25 可以看出 2012 ~ 2018 年间，尤其是 2016 年之后，青岛科技大学和山东理工大学逐渐退出了山东春季高考本科招生，而青岛黄海学院和潍坊科技学院则在春季高考本科招生中逐渐增加计划人数。

图 2-22 ~ 图 2-25 验证了自 2015 年后，公办高校的招生计划人数逐渐减少，而民办高校的招生计划人数则在增加，民办高校后来居上的趋势。

2.4 历年政策变化

2011 年 4 月,《2011—2015 年山东省普通高校招生制度改革实施方案》由山东省教育厅发布,该文件提出整合中职对口升高职考试和普通高中升高职考试,建立重点面向中等职业学校招生,也面向普通高中招生,为高职院校选拔人才的高考模式[19]。依据《山东省 2012 和 2014 年普通高校考试招生制度改革实施方案(试行)》的相关精神,自 2012 年起,山东省对口高职考试更名春季高考。

2011 年 11 月,由山东省招生委员会印发的《山东省 2012 年春季高考工作实施意见》对 15 个专业类别安排了招生计划并对报名、体检等具体工作作出说明。

2012 年 2 月,山东省教育厅印发《山东省普通高校考试招生制度改革实施意见》。文件规定春季高考的文化基础部分为语文和数学两科,专业技能部分为专业基础理论和专业基本技能,考生可同时参加春夏两季高考,可重复录取[20]。文件还提出适当扩大春季高考的本科招生规模。

2013 年 2 月,由山东省教育厅印发的《山东省 2014 年春季高考工作实施意见》对 15 个专业类别安排了招生计划并对报名、体检等具体工作作出说明。该年度招生类别与 2012 年相同。

2013 年 4 月山东省教育厅印发《山东省春季高考"知识 + 技能"考试工作实施方案(试行)》。该方案对山东省春季高考考试科目与科目分数作出调整,其中,总分由 700 分改为 750 分,科目由 4 科变为 5 科。详细情况见附录 2。

2014 年 1 月,由山东省教育厅印发的《山东省 2014 年春季高考工作实施意见》对 18 个专业类别安排了招生计划并对报名、体检等具体工作作出说明。该年度招生类别较 2013 年新增资源环境、制造维修和电力电子 3 个专业类别。

2015 年 1 月,由山东省教育厅印发的《山东省 2015 年春季高考工作实施意见》对 20 个专业类别安排了招生计划并对报名、体检等具体工作作出说明。该年度招生类别较 2014 年减少机电交通和教育文化 2 个类别,增加机电一体化、师范教育、学前教育和机械 4 个类别。

2016 年 1 月,由山东省教育厅印发的《山东省 2016 年春季高考工作实施意见》对 19 个专业类别安排了招生计划并对报名、体检等具体工作作出说明。该年度招生类别较 2015 年减少 1 个,原因是师范教育类别不再进行招生。

2017 年 2 月,由山东省教育厅印发的《山东省 2017 年春季高考工作实施意见》对 19 个专业类别安排了招生计划并对报名、体检等具体工作作出说明。该年度招生类别与 2016 年相同。

2017 年 10 月，山东省人民政府印发《山东省"十三五"教育事业发展规划》（以下简称《教育规划》）。文件中提出实行以春季高考和夏季高考为主要形式的高等教育分类考试招生制度，完善春季高考"文化素质＋专业技能"考试[21]。该文件进一步明确了山东省春季高考的地位与考试形式。

2018 年 2 月，由山东省教育厅印发的《山东省 2018 年春季高考工作实施意见》对 18 个专业类别安排了招生计划并对报名、体检等具体工作作出说明。该年度招生类别较 2017 年减少 1 个，将采矿技术类别并入土建类。自 2019 年起，山东省春季高考将取消采矿技术专业类别（方向），不再安排采矿技术类所涵盖专业招生计划[22]。

2018 年 3 月 23 日，《山东省深化高等学校考试招生综合改革试点方案》发布，山东省迎来新一轮高考综合改革。方案在主要任务中明确了春季高考以高职（专科）招生为主，并将山东省春季高考考试分为统一考试、单独考试和综合评价 3 种方式[23]。该方案具体内容见附录 3。

2.5 本章小结

山东省春季高考历年招生专业类别数不尽相同，但都保持在 15 ~ 20 个。历年参加本科招生的民办高校数量逐渐增加，而公办高校数量逐渐减少，其中 2017 年为参招高校数量高峰，达到 50 所。2012 年本科招生计划 2280 人，到 2015 年增加至 12778 人，为历年最高计划数，之后历年本科招生计划数稳定在 1.1 万人左右。

《实施方案（试行）》提出将山东省对口高职考试更名为春季高考。2012 年和 2013 年有关春季高考的政府文件规范并调整了山东春季高考的考试内容。2017 年出台的《教育规划》进一步明确了春季高考的地位与考试形式。2018 年《实施方案（试行）》对山东省春季高考招生考试形式进行了改革。同时，山东省教育厅每年都会对该年度的春季高考下发实施意见。

第3章

春季高考生源情况调查

3.1 生源结构性情况

为了确保春季招生教育的健康发展，进一步完善相关政策，现以山东理工大学工程管理 1501 班、工程管理 1402 班、土木工程 1405 班为样本展开春季班生源结构调查。具体调查结果如下。

3.1.1 调查人数及比例

调查总人数 122 人，其中工程管理 1402 班 41 人，工程管理 1501 班 41 人，土木工程 1405 班 40 人。男女比例、生源结构如下：

1. 男女比例

调查人群中男女比例如图 3-1 所示，明显出现男多女少的现象。

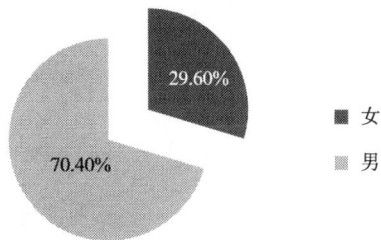

图 3-1 男女比例图

2. 生源结构

调查人群中农村生源多于城市生源，中职生多于普高生。具体情况如图 3-2、图 3-3 所示。生源结构情况体现了农村生源、中职生源对春季高考的认可度更高。

3.1.2 年龄构成

在调查人群中，1995 年出生人数最多，为 33 人；其次是 1994 年，出生人数为 29 人；

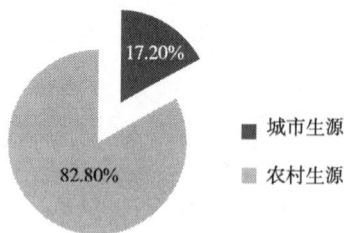

图 3-2　城市和农村生源比例图

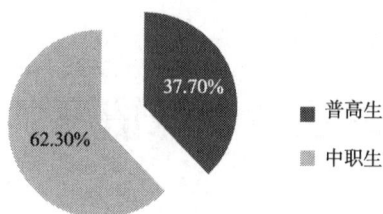

图 3-3　普高生和中职生比例图

1992 年（包括 1992 年之前出生）出生人数仅有 4 人。各年度出生人数占比如图 3-4 所示。学生年龄跨度超过 5 岁，也验证了春季生源的复杂性。

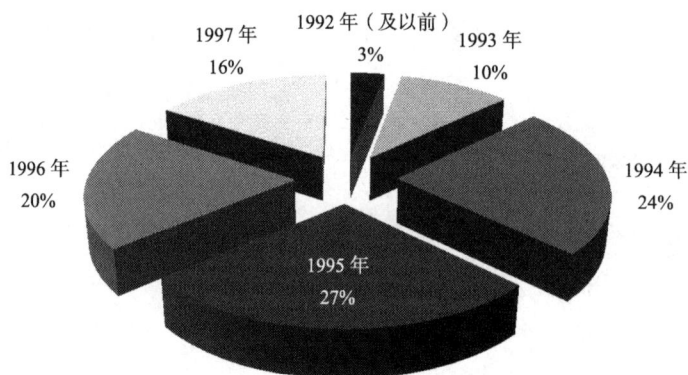

图 3-4　学生年龄构成

3.1.3　生源地人数分布

　　省内生源人数分布最多的地区为淄博，其次为日照、聊城等地区，济宁、滨州等地区最少；而省外生源人数分布最多的地区为河北，其次为安徽、江苏，浙江、四川等地区最少。省内生源地人数分布见表 3-1。省外生源地人数分布见表 3-2。可以看出学校所在地及临近省份是生源的主要来源地。本来山东的春季高考没有省外的招生计划，出现省外生源是中职学校面向省外招生的结果。

省内生源地人数分布　　　　　　　　　　　　　　　　　　　　　　　表 3-1

人数分布（人）	生源地
≥ 10	淄博
≥ 5	日照、聊城、青岛、德州、泰安、东营、烟台
≥ 1	济宁、滨州、济南、威海、临沂、菏泽、莱芜、潍坊

省外生源地人数分布　　　　　　　　　　　　　　　　　表 3-2

人数分布（人）	生源地
≥ 10	河北
≥ 5	安徽、江苏
≥ 1	浙江、四川、上海、云南、河南、山西、内蒙古、宁夏、重庆

3.1.4　入学成绩

　　调查人群的平均入学成绩为 572.3 分，最高分为 689 分，最低分 442 分。其中位于 550 ～ 599 分成绩区间的人数最多，为 49 人。入学成绩具体情况见表 3-3。将成绩划分为 5 个区间，每个区间人数如图 3-5 所示。从入学成绩来看，考生总分差距较大，专业知识科目得分率（考分 / 满分）最低，专业技能科目得分率最高。

入学成绩　　　　　　　　　　　　　　　　　　　　　表 3-3

科目	平均分	平均得分率	最低 / 最高分
语文	84.9	70.1%	62/100
数学	90.7	75.6%	59/120
英语	64.0	80.0%	34/78
专业知识	115.5	57.8%	35/179
专业技能	217.1	94.4%	156/230
总成绩	572.3	76.3%	442/689

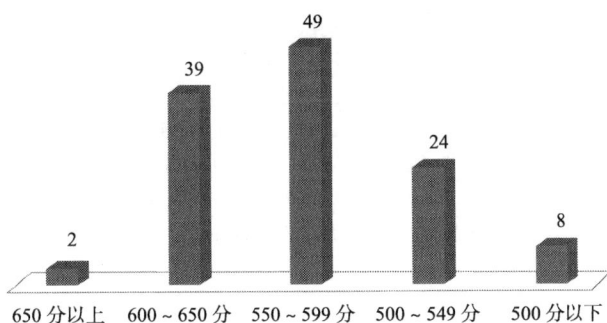

图 3-5　成绩区间人数

3.2　高中阶段培养状况

3.2.1　课程设置

　　以山东省淄博市某普通高中和同市某中等建筑职业学校工科专业培养计划为例，

对比其课程科目设置的异同。两套培养计划的相同之处在于都包含了语文、数学、英语、政治、物理和化学 6 个科目，其课程设置中不相同的科目见表 3-4。

普高课程与中职课程设置差异   表 3-4

普高课程设置	中职课程设置
地理、历史、生物	专业基础、专业实操

中等职业学校的课程设置在课程内容上与普通高中课程设置存在明显差异：语数外等相同科目上，中职课程内容少于普高课程内容，课程难度小于普高课程，对知识点的掌握程度要求低于普高课程。中职设置了以职业为导向的专业性课程，注重对专业基础知识和专业技能的训练。以下对比了语文、数学、英语、政治、物理、化学 6 个科目的课程内容，并对中职课程中的专业课进行了举例说明。

1. 语文

中等职业学校语文课程内容与普通高中语文课程内容对比见表 3-5。

通过表 3-5 可以发现，中职语文课程内容主要包含字词的发音、常见修辞手法的辨识等基本知识和基本技能，强调文献检索、普通话等级、应用写作等内容；而普高课程内容则不再局限于正确读写字词、理解句段基本含义等基础知识和技能，考核重点偏向更为深层的能力如演讲、探究，不仅会写实用类文本，还强调会写理论类文本。

语文课程内容   表 3-5

普高语文课程内容	中职语文课程内容
1. 阅读与鉴赏 发展独立阅读能力。能理解文本所表思想、观点和感情。对阅读材料作出自己的分析判断。 能阅读理论类、实用类、文学类等多种文本，了解其文体特征和表达方法。 学会鉴赏文学作品，领悟作品内涵。 了解诗歌、散文等文学载体的基本特征及表现手法。了解作品所涉及的文学常识、知识。 阅读浅易文言文，了解常见文言实词、文言虚词、文言句式的意义和用法。背诵一定数量名篇。 能用普通话流畅朗读，恰当地表达出文本的思想感情和自己的感受。 学会灵活使用工具书，利用多种媒体，搜集和处理信息	**1. 阅读与欣赏** 正确读出 3500 个常用汉字。 能使用常用汉语工具书查阅。 能使用普通话朗读课文。 能理解重要词句在文中的含义和作用。能概括文章的内容要点、中心思想和写作特点。能辨识常见的修辞手法及作用。 能了解散文、诗歌、小说、戏剧等文学文体的特点。 学会初步欣赏文学作品，就作品发表自己的理解或感悟。 能利用图书馆、网络等媒介搜集、筛选和获得有用的信息。 诵读教材中的古诗文，大致理解内容，背诵或默写其中经典的句段、名篇

普高语文课程内容	中职语文课程内容
2. 表达与交流 学会多角度观察生活，丰富生活经历，多方面地积累和运用写作素材。 根据个人特长和兴趣自主写作，力求个性地表达。 根据表达的需要，恰当运用叙述、说明、描写、议论、抒情等表达方式。 写作理论类文本，如评论、随感、杂文等；写作实用类文本，如提要、自荐书、读书报告等；尝试诗歌、散文的写作。45 分钟能写 600 字左右的文章。 能根据场合、语境和人际关系，借助语调、语气和表情、手势，提高口语交际的效果。 学会演讲，做到观点鲜明而有个性，材料充分、生动，有风度，有说服力和感染力	**2. 表达与交流** （1）口语交际 养成讲普通话的习惯，使普通话水平达到《普通话水平测试等级标准》相应的等级要求。 学会倾听，听讲时做到耐心专注，能理解对方说话的主要内容和意图；说话时有礼貌，表达清楚、大方、连贯。 学会介绍、复述、交谈、演讲、即席发言等口语交际形式和技能。 （2）写作 语段写作能做到围绕主题，条理清晰，正确地遣词造句。 篇章写作，做到符合题意，中心思想明确、健康，结构完整、语句通顺等要求。 掌握记叙文、议论文、通知、便条、书信等文体

2. 数学

中等职业学校数学课程中与普通高中数学课程相同的内容见表 3-6。中等职业学校数学课程和普通高中数学课程所有知识章节见表 3-7。

数学课程内容相同部分　　　　　　　　　　　　　表 3-6

普高数学课程内容	中职数学课程内容
集合 了解集合的含义； 能选择自然语言、图形语言、集合语言描述不同的具体问题； 理解集合包含与相等的含义，能识别给定集合的子集； 了解全集与空集的含义； 理解并集与交集的含义，会求并、交集； 理解补集的含义，会求子集的补集； 能用 Venn 图表达集合关系及运算	理解集合、元素及其关系，空集； 掌握集合的表示法； 掌握集合之间的关系（子集、真子集、相等）； 理解集合的运算（交、并、补）； 了解充要条件
函数概念与基本初等函数 学习用集合与对应的语言刻画函数； 了解构成函数的要素，会求一些简单函数的定义域和值域； 了解映射的概念； 会根据不同的需要选择恰当的方法（图像法、列表法、解析法）表示函数； 了解简单的分段函数，并能应用； 理解函数的单调性、最大（小）值及其几何意义，了解奇偶性的含义； 学会运用函数图像研究函数的性质； 了解指数函数、对数函数、幂函数概念，学会运用函数图像研究函数的性质	理解函数的概念； 理解函数的三种表示法； 理解函数的单调性； 理解函数的奇偶性； 了解函数的实际应用举例

续表

普高数学课程内容	中职数学课程内容
数列 了解数列的概念和几种简单的表示方法（列表、图像、通项公式），了解数列是一种特殊函数； 理解等差数列、等比数列的概念； 掌握等差数列、等比数列的通项公式与前 n 项和的公式； 掌握数列的等差关系或等比关系，并能用有关知识解决相应的问题； 体会等差、等比数列与一次函数、指数函数的关系	了解数列的概念； 理解等差数列定义，通项公式，前 n 项和公式； 理解等比数列定义，通项公式，前 n 项和公式； 了解数列实际应用
空间几何 认识柱、锥、台、球及其简单组合体的结构特征； 能画出简单空间图形的三视图，能识别三视图所表示的立体模型，会用斜二测法画出直观图； 会用平行投影与中心投影画出视图； 了解球、棱柱、棱锥、台的表面积和体积的计算公式。 理解空间点、线、面的位置关系，了解基本公理和定理； 理解空间中线面平行、垂直的有关性质与判定	了解数列实际应用； 理解线线、线面、面面平行的判定与性质； 了解柱、锥、球及其简单组合体的结构及面积、体积的计算
不等式 了解不等式（组）的实际背景； 通过函数图像了解一元二次不等式与相应函数、方程的联系； 会解一元二次不等式； 了解二元一次不等式的几何意义，能用平面区域表示二元一次不等式组； 从实际情境中抽象出简单二元线性	理解不等式的基本性质； 掌握区间的概念； 掌握一元二次不等式； 了解含绝对值的不等式
平面向量 理解平面向量和向量相等的含义，理解向量的几何表示； 掌握向量加、减法和数乘的运算； 了解向量线性运算性质及几何意义； 了解平面向量基本定理； 掌握平面向量的正交分解； 理解用坐标表示的平面向量共线并会其加、减与数乘运算； 理解平面向量数量积的含义； 掌握数量积的坐标表达式，会进行平面向量数量积的运算； 能运用数量积表示两个向量的夹角，会用数量积判断两个平面向量的共线与垂直	了解平面向量的概念，掌握向量的几何表示，理解共线或平等向量，相等向量； 理解并掌握平面向量的加、减、数乘运算； 了解平面向量基本定理，掌握向量的直角坐标及其运算，掌握用向量的坐标表示向量平行的条件； 理解平面向量的内积的定义和运算法则，掌握两个平面向量内积的坐标运算和距离公式； 了解平面向量的应用
概率 了解随机事件发生的不确定性和频率的稳定性； 了解互斥事件的概率加法公式； 理解古典概型及其概率计算公式，会用列举法计算随机事件的发生概率。 了解随机数的意义，能运用模拟方法估计概率，初步体会几何概型的意义	了解分类和分步计数原理； 理解随机事件和概率、概率的简单性质

中等职业学校和普通高中数学课程章节[24]　　表 3-7

中职数学课程内容结构		高中数学课程内容结构		
基础模块	128 学时	必修模块（180学时）	数学 1	集合；函数概念与基本初等函数
	10 单元内容：集合；不等式；函数；指数函数与对数函数；三级函数；数列；平面向量；直线与圆的方程；立体几何；概率与统计初步		数学 2	立体几何初步；平面解析几何初步
			数学 3	算法初步；统计；概率
			数学 4	基本初等函数 II；平面上的向量；三角恒等变换
职业模块	32 ~ 64 学时	选修系列	数学 5	解三角形；数列；不等式
	8 单元内容：三角计算及其应用；坐标变换与参数方程；复数及其应用；逻辑代数初步；算法与程序框图；数据表格信息处理；编制计划的原理与方法；线性规划初步		选修系列 1	选修 1-1 常用逻辑用语；圆锥曲线与方程；导数及其应用
				选修 1-2 统计案例；推理与证明；数系的扩充与复数的引入；框图
			选修系列 2	选修 2-1 常用逻辑用语；圆锥曲线与方程；空间中的向量与立体几何
				选修 2-2 导数及其应用；推理与证明；数系的扩充与复数的引入
拓展模块	学时不作统一规定			选修 2-3 计数原理；统计案例；概率
	3 个单元内容：三角公式及应用；椭圆、双曲线、抛物线；概率与统计		选修系列 3	选修 3-1 数学史选讲；选修 3-2 信息安全与密码；选修 3-3 球面上的几何；选修 3-4 对称与群；选修 3-5 欧拉公式与闭曲面分类；选修 3-6 三等分角与数域扩充
			选修系列 4	选修 4-1 几何证明选讲；选修 4-2 矩阵与变换；选修 4-3 数列与差分；选修 4-4 坐标系与参数方程；选修 4-5 不等式选讲；选修 4-6 初等数论初步；选修 4-7 优选法与实验设计初步；选修 4-8 统筹法与图论初步；选修 4-9 风险与决策；选修 4-10 开关电路与布尔代数

　　通过表 3-6 和表 3-7 可以发现中职数学课程的内容较普通高中数学课程少，课程难度低，考察的知识范围小，能力要求也相对较低，课程内容注重学生专业所需的基础数学知识，与大学高等数学不衔接，课程内容存在断层；普高数学课程的内容较多，课程难度较大，考察的知识范围和深度较大，能力要求全面，与大学高等数学衔接紧密。

　　3. 英语

　　中等职业学校英语课程语言知识要求见表 3-8。普通高中英语课程语言知识要求见表 3-9。

中职英语课程语言知识要求　　　　　　　　　　　　　表3-8

中职英语基本语言知识	中职英语高级语言知识
听 能对简单课堂教学作出反应； 能利用关键词捕捉简单信息； 能听懂简单的日常会话和简单的职业指令	能对生活、职场中的多步骤指令作出反应； 能理解所听日常交际对话的大意； 能借助图片、图像等听懂职场中的简单安排和对话
说 能给出简单的指令； 能借助肢体语言进行会话； 能简单描述日常生活情况； 能进行简单交际	能给出多步指令； 能通过询问解决交际疑惑； 能进行日常生活和相关职业话题的简单对话； 能进行较为复杂的交际
读 能抓住阅读材料的中心意思； 能读懂简单的应用文，如通知等	能依据上下文和构词法猜测词义； 能根据文章信息进行简单的推理、判断
写 能填写简单的表格，如个人信息； 能写简单的个人介绍； 能用简单句描述事物、表达看法	能根据提示转述课文大意； 能简要描述熟悉的事物和经历； 能仿写应用文，如通知、邮件等
语音 能正确朗读句子和短文； 能借助国际音标读新单词； 在交流中做到语音、语调基本达意	能根据语音、语调理解话者的意图； 能在交流中做到语音、语调达意
词汇 学习1700个左右的单词，同时学习200个左右的习惯用语和固定搭配	学习1900个左右的单词，同时学习大约300个的习惯用语和固定搭配； 能根据构词法扩展词汇量

普高英语课程语言知识要求　　　　　　　　　　　　　表3-9

普高英语七级语言知识	普高英语八级语言知识
语音 （1）在口头表达中做到自然、流畅； （2）根据语音、语调了解话语中隐含的信息； （3）初步了解英语诗歌的节奏和韵律； （4）根据语音辨识不太熟悉的单词	（1）在交际中做到自然、流畅； （2）根据语音、语调了解和表达出话语中隐含的信息； （3）了解诗歌中的节奏和韵律； （4）凭语音辨识不太熟悉的单词
词汇 （1）理解话语中词汇表达的意图、态度等； （2）能够简单运用词汇给事物，如命名、指称、说明概念等； （3）能使用约2200个单词和300～400个习惯用语或固定搭配； （4）了解英语单词词义变化及新词汇	（1）运用词汇表达不同的功能、意图等； （2）能够较为熟练运用词汇命名、描述行为和特征、说明概念等； （3）学会使用3000个左右的单词和400～500个习惯用语或固定搭配

续表

普高英语七级语言知识	普高英语八级语言知识
语法 （1）掌握描述时间、地点、方位的常用表达方式； （2）掌握比较人、事、物的常用表达方式； （3）使用恰当形式描述事物，简单地表述观点、情感等； （4）掌握语篇中基本的衔接手段并根据目的有效组织信息	（1）熟练掌握描述时间、地点、方位的表达方式； （2）熟练掌握比较人、事、物的表达方式； （3）使用恰当形式进行描述和表达观点、情感等； （4）掌握基本语篇的篇章结构、内在联系和逻辑关系
功能 （1）了解日常交际用语的表达形式； （2）恰当表达问候、告别、感谢、介绍等交际功能； （3）在日常人际交往中使用得体的语言进行表达，如发表看法、表达意图等； （4）能运用学过的功能项目表达情感、意图和态度	（1）恰当表达问候、告别、感谢、介绍等交际功能； （2）在日常人际交往中使用得体的语言进行表达，如责备、投诉等； （3）灵活运用已经学过的常用功能项目，进一步学习并掌握新的功项
话题 （1）熟悉个人、家庭、社交等方面的话题； （2）熟悉有关日常生活、兴趣爱好、科学文化方面的话题； （3）熟悉社会生活的话题：职业、节日、社交礼仪等； （4）了解有关英语国家日常、习惯的话题	（1）熟悉个人、家庭、社交等方面的话题； （2）进一步熟悉有关风俗习惯、科学文化、文学艺术等方面的话题； （3）进一步熟悉我国一般社会生活的话题：职业、节目、社交礼仪等； （4）进一步了解有关英语国家日常生活习惯的话题

　　通过表 3-8、表 3-9 可以发现中职学校课程的内容相对基础，对单词、语法、听力等基础知识要求较多，对词汇量、固定搭配的运用有明确的要求，对表达方式、情感态度和文化意识方面的要求较少；而普高课程内容相对丰富、深度，不再对单词、语法等基础知识作过多要求，但所要求的词汇量、固定搭配量较中职要求高。对阅读量、句段用法等作出了明确的要求，对于英语基础较好的同学，提出了针对文化意识、风土人情、价值观念等方面更高的要求。

　　4. 政治

　　中等职业学校政治课程内容见表 3-10。普通高中政治课程内容见表 3-11。

中职政治课程内容　　　　　　　　　　　　　　　　　　　　表 3-10

课程科目	章节
政治	透视经济现象
	投身经济建设
	拥护社会主义政治制度
	参与政治生活
	共建社会主义和谐社会

普高政治课程内容   表 3-11

书卷	章节
思想政治（Ⅰ）	生活与消费、投资与创业、收入与分配（共3章）
思想政治（Ⅱ）	公民的政治生活、公民与政府、我国的政治制度、当代国际政治（共4章）
思想政治（Ⅲ）	文化与生活、文化与民族精神、文化传承与创新、发展先进文化（共4章）
思想政治（Ⅳ）	生活智慧与时代精神、探索世界与追求真理、思想方法与创新意识、价值判断与行为选择（共4章）

通过表 3-10 及表 3-11 可以发现中职课程与普高课程在政治生活、经济现象等方面的内容趋同，而课程的不同之处在于普高课程中加入了更多的文化、意识、价值观等方面的内容，注重对学生思想觉悟和境界的培养；中职课程则更侧重于经济生产、政治生活方面的内容，考察的内容较为基础，课程的重点在于培养学生的就业能力。

5. 物理

中等职业学校物理课程必修模块内容与普通高中物理课程必修模块内容见表 3-12。

物理课程必修模块内容   表 3-12

普高物理课程必修内容	中职物理课程必修内容
1. 运动的描述 了解近代实验科学背景； 了解物理学研究中物理模型的特点； 了解匀变速直线运动的规律； 能用公式和图像描述匀变速直线运动。 **2. 相互作用与运动规律** 通过实验认识滑动摩擦、静摩擦的规律，能用动摩擦因数计算摩擦力； 通过实验了解物体的弹性，知道胡克定律； 通过实验理解力的合成与分解，知道共点力平衡条件，区分矢量与标量并运用力的合成与分解分析生活中的问题； 通过实验探究加速度与物体质量、物体受力的关系。理解牛顿运动定律并能解释生活中的有关问题； 通过实验认识超重和失重； 认识单位制在物理学中的意义	**1. 运动和力** 了解质点的概念和作用； 理解时间与时刻、速率和速度、路程与位移、标量与矢量等概念及区别； 了解匀变速直线运动，理解加速度的概念，能运用匀变速直线运动的速度公式和位移公式，并能进行计算； 了解重力的概念； 了解弹力的概念、产生条件和胡克定律； 理解静摩擦力和滑动摩擦力的概念，会判断摩擦力的方向并能用公式简单计算滑动摩擦力的大小； 理解合力、分力的概念，理解力的合成与分解，理解力的平行四边形定则，并能进行简单运用； 理解牛顿第一定律并能解释一些惯性现象，掌握牛顿第二定律并能运用牛顿第二定律进行简单计算，理解牛顿第三定律 **2. 机械能** 理解功，知道功率与速度的关系，并能用公式进行简单计算； 了解动能和动能定理，能用动能定理解释一些实际问题； 了解重力势能和弹性势能，理解机械能守恒定律，能进行简单计算

续表

普高物理课程必修内容	中职物理课程必修内容
3. 机械能和能源 理解功和功率； 通过实验探究恒力做功与物体动能变化的关系。理解动能和动能定理并能解释生活、生产中的现象； 理解重力势能。知道重力势能的变化与重力做功的关系； 通过实验验证机械能守恒定律。理解机械能守恒定律并能分析生活、生产中的有关问题； 知道能量守恒是最基本、最普遍的自然规律之一； 认识到能量守恒以及能量转化和转移的方向性和效率之间的关系。了解能源与人类生存、社会发展间的关系。	**3. 热现象及应用** 了解分子动理论的基本观点，了解温度、气体的压强、热力学能等概念； 了解改变热力学能的方法及应用； 了解热力学第一定律，知道能量守恒是自然界中最基本的规律之一，并能运用其解释问题； 了解能源与人类生存和社会发展的关系。 **4. 直流电路** 理解电阻定律，了解超导现象； 了解串联和并联电路的特点并能进行简单计算； 了解电功和电功率的概念；理解焦耳定律并能运用电功、电功率的公式和焦耳定律进行简单计算； 了解电源电动势和内电阻的概念，掌握全电路欧姆定律，并能进行计算； 了解用电安全的基本常识，知道电气安全技术操作规程，了解触电急救方法。
4. 抛体运动与圆周运动 会用运动合成与分解的方法分析抛体运动； 会描述匀速圆周运动。知道向心加速度； 能用牛顿第二定律分析匀速圆周运动和生活、生产中的离心现象； 关注抛体运动和圆周运动的规律与日常生活的联系。	**5. 电场与磁场电磁感应** 了解点电荷、电场、匀强电场等的概念，能用电场强度的定义式进行简单计算； 了解电势能、电势和电势差的概念，了解电场强度与电势差的关系，能进行简单计算； 了解磁场、磁感线、磁感强度、匀强磁场、磁通量的概念，会用磁感线描述磁场，能用磁感强度和磁通量的定义式进行计算，会用右手螺旋定则判断磁场方向； 理解左手定则和安培定律，会运用左手定则判断通电导线在磁场中的受力方向并用安培定律进行计算； 了解电磁感应现象，知道感应电流的产生条件。理解右手定则，能用右手定则判断感应电流的方向。理解法拉第电磁感应定律并会运用法拉第电磁感应定律； 了解自感、互感现象，能简述日光灯、变压器的工作原理，了解自感电动势的概念，知道自感电动势的产生条件及影响自感电动势大小的因素。
5. 经典力学的成就与局限性 了解万有引力定律的发现过程，知道万有引力定律； 认识发现万有引力定律的重要意义； 会计算人造卫星的环绕速度，知道第二、第三宇宙速度； 初步了解经典时空观和相对论时空观，了解相对论对人类认识世界的影响； 知道宏观物体和微观粒子的能量变化特点； 了解经典力学的发展史和成就，认识经典力学的局限性； 体会科学研究方法对人们认识自然的作用并举出例子	**6. 光现象及应用** 认识光的全反射现象，了解光导纤维的工作原理及其应用； 了解激光的特性，能简述激光的一些应用。 **7. 核能及应用** 了解原子的核式结构及原子核的组成，了解天然放射现象，知道 α、β、γ 射线及其特性，知道放射性物质对生物体的作用、危害和如何防护； 了解重核裂变和轻核聚变，了解核电站工作原理

　　普通高中物理课程选修模块共 10 个，具体内容见表 3-13。

普高物理课程选修模块内容　　　　　　　　　　　　　　表 3-13

模块序号	模块内容
选修 1-1	电磁现象与规律、电磁技术与社会发展、家用电器与日常生活（共 3 个主题）
选修 1-2	热现象与规律、热与生活、能源与社会发展（共 3 个主题）
选修 2-1	电路与电工、电磁波与信息技术（共 2 个主题）
选修 2-2	力与机械、热与热机（共 2 个主题）
选修 2-3	光与光学仪器、原子结构与核技术（共 2 个主题）
选修 3-1	电场、电路、磁场（共 3 个主题）
选修 3-2	电磁感应、交变电流、传感器（共 3 个主题）
选修 3-3	分子动理论与统计思想，固体、液体与气体，热力学定律与能量守恒，能源与可持续发展（共 4 个主题）
选修 3-4	机械振动与机械波、电磁振荡与电磁波、光、相对论（共 4 个主题）
选修 3-5	碰撞与动量守恒、原子结构、原子核、波粒二象性（共 4 个主题）

中职物理课程选修模块按照职业不同，分为建筑类、电子电工类和化工农医类 3 个职业模块。各个模块内容见表 3-14。

中职物理选修模块内容　　　　　　　　　　　　　　表 3-14

建筑类模块	电子电工类模块	化工农医类模块
运动和力	运动和力	液体、气体的性质及应用
机械振动与机械波	静电场的应用	声波及应用
固体、液体和液晶	磁场的应用	电学知识及应用
液体、气体的性质及应用	电磁波	光学知识及应用

通过表 3-12 ～ 表 3-14 可以发现，普高物理必修课程内容为学科基础知识，要求具体，选修内容丰富，可根据个人兴趣进行选修；中职物理课程必修内容课视为普高全部物理课程的缩略版，内容涵盖的大类与普高课程相近，所涉及的知识相对较少，选修课程固定，由个人所在专业而定。

6. 化学

中等职业学校化学课程必修模块内容与普通高中化学课程必修模块内容见表 3-15。

普通高中化学课程选修模块共 6 个，具体内容见表 3-16。

化学课程必修模块内容　　　　表 3-15

普高必修课程专题	中职必修课程专题
认识化学科学	原子结构和化学键
化学实验基础	物质的量
常见无机物及其应用	化学反应速率和化学平衡
物质结构基础	电解质溶液
化学反应与能量	氧化还原反应
化学与可持续发展	常见金属、非金属单质及其化合物
	常见有机化合物

普高化学课程选修模块内容　　　　表 3-16

模块名称	模块内容
化学与生活	化学与健康、生活中的材料、化学与环境保护（共 3 个主题）
化学与技术	化学与资源开发利用，化学与材料的制造、应用，化学与工农业生产（共 3 个主题）
物质结构与性质	原子结构与元素的性质、化学键与物质的性质、分子间作用力与物质的性质、研究物质结构的价值（共 4 个主题）
化学反应原理	化学反应与能量、化学反应速率和化学平衡、溶液中的离子平衡（共 3 个主题）
有机化学基础	有机化合物的组成与结构，烃及其衍生物的性质与应用，糖类、氨基酸和蛋白质，合成高分子化合物（共 4 个主题）
化学实验	化学实验基础、化学实验探究（共 2 个主题）

中职化学课程选修模块按照职业不同，分为医药卫生类、农林牧渔类和加工制造类 3 个职业模块。各个模块内容见表 3-17。

中职化学课程选修模块内容　　　　表 3-17

医药卫生类	农林牧渔类	加工制造类
溶液、胶体及渗透压	缓冲溶液、胶体及渗透压	电化学基础与金属防护
缓冲溶液	滴定分析法	化学与材料
闭链烃及烃的衍生物	脂类	化学与环境
脂类、糖类等基本有机物	杂环化合物和生物碱	
杂环化合物和生物碱		

通过表 3-15 ~ 表 3-17 可以发现，普高化学必修课程内容为学科基础知识，选修

内容丰富，所涉及知识点众多，可根据个人兴趣选修；中职化学课程必修内容可视为普高化学课程的缩略版，内容涵盖的大类与普高课程相近，选修课程固定，由个人所在专业而定。

7. 中职专业课

以淄博某中等职业学校建筑工程施工专业教学方案中的基础课程为例，其具体专业基础课程设置见表3-18。

施工专业基础课程 表3-18

课程科目	课程内容章节
建筑识制图	制图工具，基本制图标准，几何作图，投影的基本知识，形体的投影，轴测投影，剖面图和断面图，建筑工程图概述，建筑施工图识读（共8部分）
建筑材料	材料的基本性质、气硬性胶凝材料、水泥、混凝土、砂浆、砌筑材料、建筑钢材、防水材料（共8部分）
建筑CAD	绘图前准备工作、二维图形的绘制、中望CAD的辅助工具、二维图形的编辑、图层的管理和使用、文字的使用、尺寸标注、建筑图形的绘制实例（共8部分）
建筑力学	力和受力图、平面力系的平衡、直杆轴向拉伸和压缩、直梁弯曲、受压构件的稳定性、工程中常见结构几何组成分析（共6部分）
建筑构造	建筑构造基础知识、基础及地下室防水、墙体、楼地层构造、楼梯、门窗、屋面、单层厂房构造（共8部分）

通过表3-18可以发现该校专业课程以就业为导向，课程注重对专业基本技能的培养，具有高度的实用性和职业化。

通过以上对比，可以发现普高课程与中职课程在课程内容、培养方向上具有明显的差异。中职课程设置偏向实用性和专业性，而普高课程注重理论学习和思维锻炼；中职课程突出对学生专业技能的培养，而普高课程重视对学生理论学习、思考能力的培养。

3.2.2 培养计划与目标

1. 培养目标

某普通高中三年的培养重点关注智育和体育方面，具体培养目标见表3-19。中等职业学校的培养重点关注知识和技能方面，以淄博某中等职业学校为例，其培养目标见表3-20。

普高培养目标　　　　　　　　　　　　　　　　表 3-19

智育方面	体育方面
在初中教育的基础上，使学生进一步掌握必需的科学文化基础知识和基本技能。在打好语文、数学、英语的基础上发展学生的志趣与特长，培养学生的自学能力、分析问题、解决问题的能力，鼓励学生实事求是、独立思考、勇于创造	掌握锻炼身体的基本知识和技能，学会科学锻炼身体，逐步养成锻炼习惯，使学生的身体素质全面发展，具有健康的体魄和身体活动能力，养成良好的卫生习惯

中职培养目标　　　　　　　　　　　　　　　　表 3-20

基本知识	核心技能
具备中职生必要的德育、语文、数学、英语等基础知识；熟悉建筑识图、建筑材料、建筑构造等专业基础知识；能够胜任施工操作、定位放线、工程预算、材料检测、资料整理等方面的工作	会辨用建筑材料及构配件，能完成建筑材料取样、检测、保管等工作；能识读建筑施工图，能进行建筑物的定位放线；能正确选用建筑施工机具、设备，确定主要工种施工方法；能胜任施工质量控制、检查验收等工作，具备现场组织、管理的能力；能收集、整理建筑工程施工资料并归档

　　通过表 3-19 和表 3-20 可以发现，中职与普高的培养目标都对基础知识作出了明确要求，不同之处在于中职培养具有清楚的专业分化和职业指向性并对专业技能作出了具体要求，而普高培养则对思考能力和身体素质提出一定的要求。

　　2. 课时设置

　　以山东省淄博市某普通高中理科课程和淄博某中等职业学校施工专业基础课程为例，普高理科课程具体课时安排见表 3-21。中职课程具体课时安排见表 3-22。并对其中的政治、语文、数学和英语 4 门课程的课时进行对比（区间课时取中值），如图 3-6 所示。

普高理科课时安排　　　　　　　　　　　　　　表 3-21

课程科目	课程学时	总学时	课程平均学时
政治	192		
语文	384		
数学	384		
英语	332 ~ 384		
信息技术	70 ~ 140	1765 ~ 2244	221 ~ 281
物理	158 ~ 306		
化学	140 ~ 271		
生物	105 ~ 183		

淄博建校专业课时安排 　　　　　　　　　　　　　　表 3-22

课程科目	课程学时	总学时	课程平均学时
政治	132		
语文	132		
数学	132		
英语	132		
土木工程识图	96		
建筑构造	84		
建筑材料	60	1286	107
土木工程力学基础	108		
钢筋混凝土结构与平法识读	90		
测量放线	80		
建筑施工技术	170		
建筑施工现场组织管理	70		

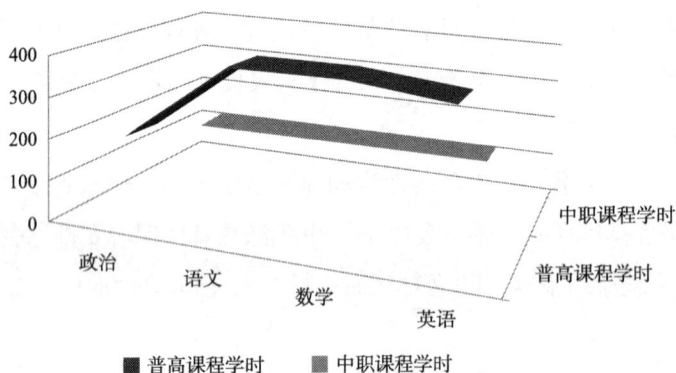

图 3-6　中职和普高课程学时对比

通过表 3-21、表 3-22 及图 3-6 可以发现普高的语文和数学课程学时大幅度地多于中职课语文、数学课程学时。中职课程科目较多，但总课时较少，平均课程学时仅为 107 学时；而普高课程科目较少，但总课时较多，平均课程学时为 251 学时，约为中职课程平均学时的 2.5 倍。不论普高课程还是中职课程，最基础的语文、数学和英语 3 门课程学时都高于其课程平均学时。

总体而言，中职培养目标具有明显的职业指向性，而普高培养目标注重智力和身体素质的发展，因而中职理论课程课时较少，便于技能实操；普高理论课程课时较多，便于理论学习。

3.2.3　学生管理

1. 中职与普高学生违纪处罚

为了规范学生在校的日常行为，淄博市某中等职业学校与某普通高中都制定了学生违纪处理办法，办法所针对的不良行为集中于作弊、打架斗殴、早恋、偷盗、抽烟、饮酒、不服管理、损害公私财物。具体处理力度见表 3-23。

中职与普高学生违纪处理力度　　　　　　　　　表 3-23

违纪条目	中职学生违纪处理力度	普高学生违纪处理力度
作弊	警告及以上处分	记过及以上处分，直至勒令退学
打架斗殴	警告及以上处分；造成他人严重人身伤害或触及刑律者，送公安、司法部门处理	记过及以上处分，严重者勒令退学；触犯法律者，送公安、司法部门处理
偷盗	留校察看及以上处分	警告及以上处分
早恋	严重警告及以上处分。	警告及以上处分
不服管理	严重警告及以上处分	记过及以上处分
损害公物	警告及以上处分直至记过	记过及以上处分
抽烟饮酒	警告及以上处分	警告及以上处分

另外，中职学生违纪处理办法当中还有有关旷课、结伙抱团、下河游泳、携带隐藏管制刀具等处理办法。

通过表 3-23 可知，中职和普高对于偷盗、早恋、打架、作弊等行为，都有较为严厉的处罚措施，这些措施很大程度上保障了学生在校的人身安全和学校教学的正常秩序。中职学生重大违纪处理办法中条目、要求较多，反映了中职学生自身管理意识淡薄、自控能力不足的情况。力度较大的处罚措施可以规范中职学生的行为，帮助其养成良好行为习惯。

2. 春招生教育管理中的关键问题

（1）春招生基础薄弱、个体差异大

不少春招生由于高中阶段没有养成良好的学习习惯，导致在进入大学后，学习积极性不足、学习效率低下的问题进一步显现出来，许多学生出现跟不上课程进度、厌学等现象；地区、教育资源差异等因素的影响导致春招生个体差异大，学生存在偏科、逃课现象，使学生管理工作难以顺利展开。

（2）学生心理问题严重、心理教育方式滞后

许多春招生在高中阶段，由于成绩的原因，易产生自卑心理、厌学心理。春招生

的课程体系中有一些关于思想、心理的课程，但这些课程侧重于思想建设，而心理健康则关注较少。很多学生表示即便有心理问题也无处诉说、排解，问题积压过久就会对学生生理、心理造成损害。

（3）学生自我管理意识差，学生干部职能不足

许多春招生自制能力差，自我管理意识薄弱，处理问题方式被动、缺乏主见。因此，春招生管理处于家长式的状态。以强制规定来规范春招生行为的方式对于春招生而言，成效不错，但也令学生对老师的依赖性逐渐增强。春招生所表现出的纪律性不强，另一部分原因是学生干部队伍职能不足，学生会、自管会力量缺乏。

3. 春招生教育管理问题的对策

（1）改进教学教育方式，激发学生学习兴趣

重视春考生在课业、兴趣上的个体差异，根据其兴趣、专长等特点因材施教。根据学生不同的心理特点进行引导，促使学生独立解决课业上遇到的问题。要切实改变这种局面，需采取多样的教学、授课方式，如分层教学、合作学习、社会实践、因材施教等教学（学习）方法来激发学生的学习兴趣，摒弃对春招生的偏见，重塑其学习态度和习惯。

（2）重视学生心理问题，完善心理健康教育

学生的心理健康问题可通过以下途径解决：首先，重视学生的心理健康状况，将心理健康问题作为学生管理的重心之一；其次，利用课程、班团活动等途径普及心理健康知识，解析心理困惑并开展有关心理健康的游戏、娱乐、节目表演等活动来舒缓学生的心理压力，培养学生良好的心理素质。

（3）促进学生自律提升，强化学生团体的作用

春招生的自我管理意识淡薄。一方面应采取有效措施提高其自我管理意识，另一方面要发挥学生干部队伍、社团等团体在激发学生自律意识上的作用。学生会的各个职能部门要切实发挥作用，开动脑筋，根据现实情况举办一些如艺术、体育比赛等对提升凝聚力有益的活动，丰富同学们课余生活的同时，增强集体凝聚力。

3.3 高考科目的设置

山东省春季高考科目为语文、数学、英语、专业知识考试和专业技能考试。山东夏季高考采用"3+综合"模式，除语文、数学、英语3个必考科目外需选考理科或文科综合。以2017年山东春季高考和夏季高考中语文、理科数学、英语科目的考试要求为例进行比较，发现两种高考在科目设置上的不同。

1. 语文

2017 年春季高考与夏季高考语文科目试卷结构差异如图 3-7 所示。

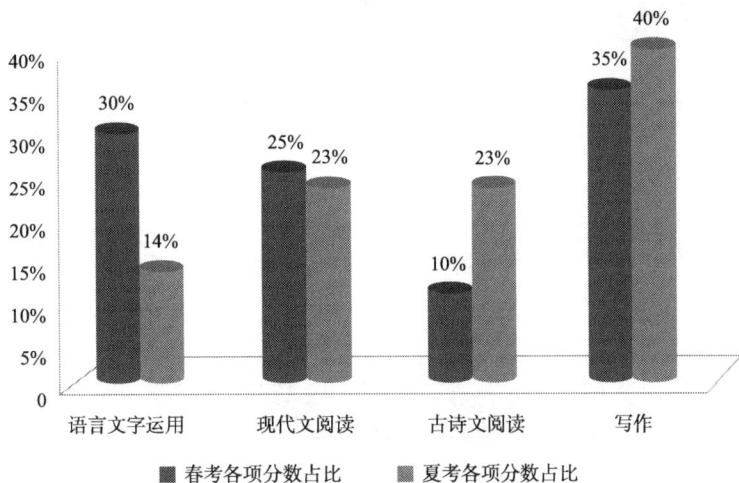

图 3-7 语文科目试卷结构对比

由图 3-7 可知，山东春季高考语文科目侧重于考查语言文字运用，对古诗文阅读的考查力度较小，而山东夏季高考语文更注重考查阅读和写作，对基本的语言文字运用的考查力度较小。不论春季高考还是夏季高考，语文科目考试都对写作进行了重点考查。

2. 数学

2017 年春季高考与夏季高考数学科目考试相同内容章节为集合、方程与不等式、函数概念与初等基本函数（指数函数、对数函数）、数列、平面向量、逻辑用语、概率与统计、三角（三角函数、解三角、弧度制等）、平面解析几何、立体几何，共 10 个章节。以上内容为春季高考数学考试所涉及的所有内容，此外夏季高考必考部分还包括算法初步、圆锥曲线与方程、空间向量、导数及其应用、推理与证明、数系的扩充与复数的引入、计数原理 7 个章节和坐标系与参数方程、不等式选讲 2 个选考章节。2017 年夏季高考理科数学考试范围见附录 4，2017 年山东省春季高考数学考试范围见附录 5。春季高考和夏季高考数学考试所涉及的知识章节数量如图 3-8 所示。

由图 3-8 及附录 4、附录 5 可知，山东春季高考数学所考查的内容较少，难度较小，而山东夏季高考所考查的内容较多，所涉及的知识章节数量为春季高考数学的 1.9 倍，考查难度较大。

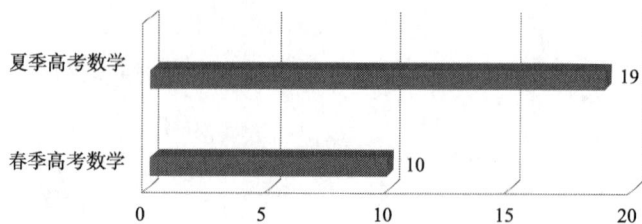

图 3-8　春季高考和夏季高考数学考试所涉及的知识章节数量

3.英语

2017 年春季高考与夏季高考英语科目试卷结构差异见表 3-24。

英语科目试卷结构　　　　　　　　　　　　　　　　　表 3-24

春季高考英语	各项分数占比	夏季高考英语	各项分数占比
填空、补缺 12 ~ 15 分	约 15%	听力 30 分	20%
阅读 20 分	25%	阅读 40 分	约 27%
英语知识运用 30 ~ 32 分	约 40%	语言知识运用 45 分	30%
职场应用 15 ~ 16 分	约 20%	写作 35 分	约 23%

由表 3-24 可知，山东春季高考英语科目侧重于考查英语知识运用，对阅读的考查力度较小且没有对听力的考查，而山东夏季高考英语除注重考查语言知识运用外，也对阅读进行了重点考查。

总体而言，夏季高考侧重考查对知识的综合运用，考查的知识范围较广，而春季高考侧重考查基础知识，考查的知识范围较小。

3.4　本章小结

对土建类春招生生源结构进行调查发现存在男多女少的现象，1994 ~ 1996 年间出生的人数占到调查总人数的 71%，省内生源人数分布最多的地区为淄博，外省生源人数最多的省份为河北。调查人群的平均成绩为 572.3 分，成绩在 550 ~ 599 分之间的人数最多，为 49 人。

以淄博市某中等职业学校课程内容和某普通高中课程内容为例进行对比发现，普高课程教育侧重教授学生理论知识，培养学生的思辨能力，而中职课程教育侧重于教授学生专业知识技能，培养学生的职业道德；普高课程的总学时相对较多，有利于学生对理论知识的学习，而中职课程的总学时相对较少，有利于学生将精力投入到技能实操中。无论是中等职业学校还是普通高中，都针对打架、作弊、不服管理、偷盗和早恋等行为制定了严厉的处理办法。

山东春季高考注重对课程基本知识和技能进行考查，对知识技能综合运用的考查较少。而山东夏季高考侧重于考查知识技能的综合运用，如语文、英语的阅读，写作等项目分值较高，对基本知识点考查较少。总体来说，夏季高考各科考试难度大于春季高考各科考试。

第4章

春季与夏季高考本科生对比调查

2014年，山东省全省26所本科高校开始进行春季招生，春季招生学生与夏季招生学生在同样的环境中接受高等教育，专业名称及设置与夏季招生学生都相同。学校和教师对春季招生学生的情况都不甚了解，学生的基础知识、专业基础和实践能力达到了什么样的程度，跟夏季招生学生对比优势和劣势是什么，学生的学习投入如何，制定的教学大纲和培养计划时调研都不够充分。为更好地培养春季招生学生，为高校和教师提供更加翔实和充分的学生情况，对春季招生学生进行了三年的追踪调研，掌握了春季招生学生的学习性投入与学生学习心理两个方面的情况。所谓的学习性投入，指的是学生个体在自己学业与有效教育活动中所投入的时间和精力，以及学生如何看待学校对他们学习提供支持力度的概念，其本质就是学生行为与院校条件的相互作用[25]。学生学习心理主要从学生的学习动机、学习行为、学习环境与学习效果四个方面来进行调研。本文将用定性分析与定量分析的方法展开研究。

4.1 调查方案设计

4.1.1 样本介绍

本研究采用对比分析的方法，调研了山东省某高校2014级与2015级所有的春季招生的学生，并与其相同专业的夏季招生学生进行对比分析。春季招生在山东省共设置了18个专业类别，38个专业类目，调查的高校中，共招收9个专业。本次调研共发放问卷1360份，其中春季招生学生共发放问卷640份，回收546份，回收率为85%，其中有效问卷为506份，有效率为93%；夏季招生学生共发放问卷720份，回收631份，回收率为88%，其中有效问卷为506份，有效率为81%。调研的学生中男生607人，占总人数的62%，女生372人，占总人数的38%。调研的学生中有工科和文科，包括了机械电子工程、材料成型及控制工程、电子信息工程、工程管理、测绘工程、土木工程、勘查技术与工程、数字媒体技术和会计学共9个专业。其中14级春季班包括9个专业，15级春季班包括7个专业。具体分布见表4-1。

调查样本专业及班级汇总表　　　　　　　　　　　　表 4-1

春季班 （14级）	专业 名称	机械电子工程（春）	材料成型及控制工程（春）	电子信息工程（春）	土木工程（春）	工程管理（春）	测绘工程（春）	勘查技术与工程（春）	会计学（春）	数字媒体技术（春）
	班级 名称	机电1402（春）	材控1404（春）	电信1403（春）	土木1405（春）	工管1402（春）	测绘1402（春）	勘察1402（春）	会计1403（春）	数媒1401（春）
夏季班 （14级）	专业 名称	机械电子工程	材料成型及控制工程	电子信息工程	土木工程	工程管理	测绘工程	勘查技术与工程	会计学	—
	班级 名称	机电1401	材控1401	电信1401	土木1402	工管1401	测绘1401	勘察1401	会计1401	—
春季班 （15级）	专业 名称	机械电子工程（春）	电子信息工程（春）	工程管理（春）	测绘工程（春）	勘查技术与工程（春）	会计学（春）	数字媒体技术（春）	—	—
	班级 名称	机电1503（春）	电信1504（春）	工管1501（春）	测绘1501（春）	勘察1503（春）	会计1503（春）	数媒1501（春）	—	—
夏季班 （15级）	专业 名称	机械电子工程	电子信息工程	工程管理	测绘工程	勘查技术与工程	会计学	—	—	—
	班级 名称	机电1501	电信1501	工管1502	测绘1502	勘察1501	会计1501	—	—	—

在本次研究中，采用"问卷星"网上答卷的方式进行调研，利用课间时间，向学生发放二维码（图 4-1 和图 4-2 为春季招生学生与夏季招生学生采用的不同的二维码，问卷中大部分题目内容相同，有个别题目问法有细微区别），学生利用微信扫描，打开"问卷星"页面开始答题，网络回收调研问卷。先利用"问卷星"提供的后台数据进行数据粗选，删除了 200 秒以内的答卷，答题的时间太短，说明不认真答题，作为无效答卷。把有效问卷的数据再运用 SPSS20.0 进行处理。

图 4-1　春季招生学生问卷二维码　　　　图 4-2　夏季招生学生问卷二维码

4.1.2 调查模型框架设计

本次调研借鉴美国教育评价家斯塔弗尔比姆提出的CIPP（Context，Input，Process，Product）评价框架，包括背景评价（Context）、输入评价（Input）、过程评价（Process）和成果评价（Product）[26]。该评价方法是一项系统工具，整合了诊断性评价、形成性评价和终结性评价，本研究根据需要构建了如图4-3所示的CIPP模型。

该模型的背景评价是对学生的受教育背景、家庭情况和期望受教育程度等学生教育背景信息，输入评价是学生的学习投入情况，过程评价是学生社会实践、交换生和实习等有效实践活动情况，成果评价是学生学习成果和学业结果的内容评价。该模型对整个受教育过程进行评估，从学生个人背景对学习投入度的影响，到对实践活动的作用，最后对学生学习成果的评价，其中背景评价和输入评价也对成果评价有所影响。调查问卷依据CIPP教育评价模型分成四个方面，其中重点是学习投入情况调查。

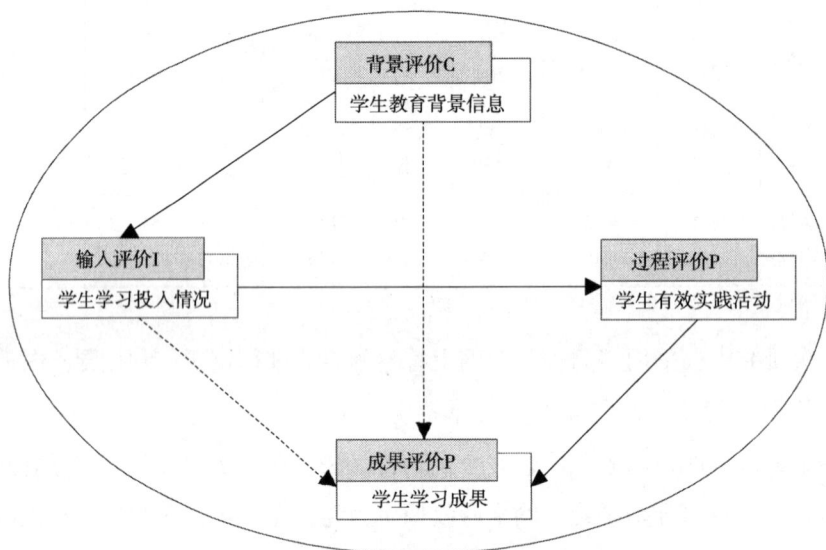

图 4-3　CIPP 教育评价模型

夏季招生学生在高校教育中，对于学校和教师来说是多年熟悉的类型，因此在研究中把夏季招生的学生作为问卷常模，即将其调查结果进行标准化样本测试及计算整理，形成各项指标的标准量数，以供与春季招生的学生进行参考比较。本研究使用SPSS20.0统计软件对数据进行处理，问卷采用6点量表，6点量表主要是避开5点、7点量表中，学生集中选择中间选项的现象，把区别拉大，采用10分制记录每个题项的得分。

通过对山东省某高校 9 个专业的春季学生和夏季学生对比做问卷调研,并借鉴了美国教育评价家斯塔弗尔比姆提出的 CIPP 评价框架。

4.2　调研方法

本调研采用 CIPP 教育评价模型,分别从学生学习投入情况与学生学习心理层面进行研究。学生学习投入情况调研采用的问卷,是基于美国印第安纳大学提出的"全美大学生学习性投入调查"即"NSSE"(National Society for the Study of Education[27])问卷,该问卷强调以学生为主体、注重教学过程的评价。NSSE 经清华大学从本土角度修正汉化后形成 NSSE-China,在国内具有较好的适用性,选择 NSSE 的主要原因是可以通过春季招生与夏季招生学生的比较,准确找出在春季招生学生培养过程中教学和实践环节需要改进的地方,并针对出现的问题能较全面地搜集学生的意见,采取可行的措施,进而提升春季招生学生的教学质量和提高学生的学习投入。从教育心理学角度研究春季学生的学习状况,选定学习动机、学习行为、学习环境和学习效果四个维度来设置问卷,由研究者自行编制问卷。

4.2.1　NSSE-China 问卷调查

NSSE 是美国的一项基于大学教育过程、关注大学生就读经验、旨在改进本科院校教育质量的评价项目[28],修正汉化后形成 NSSE-China[29],该问卷体现了以学习者为主体、注重教育过程、强调教育增值的评价理念[30],在国内具有较好的适用性。NSSE-China 问卷,包含两大类指标:第一类指标是学生在有目的的学习和成长活动中所投入的时间和精力,即学生做了什么;第二类指标是学校如何提供跟学习有关的课程、资源和活动,即学校做了什么[31]。

本研究在 NSSE-China 问卷基础上新增过程评价与成果评价,结合调研学校的具体情况,增加和删减了一些项目,设置了学术挑战度(Academic Challenge,AC)、与同伴学习程度(Learning with Peers,LP)、参与教师实践程度(Experiences with Faculty,EF)、校园环境支持度(Campus Environment,CE)、有效实践活动(Effective Practical Activities,EPA)和学习收获(Learning Harvest,LH)6 个维度,13 项二级指标(原 NSSE-China 问卷[32] 5 个维度,10 项二级指标),其中描述 CIPP 模型中 C(教育背景)通过访谈进行;I(学习性投入)与 P(有效实践活动)共 5 个维度,包括 11 项二级指标;P(学习成果)是 1 个维度 2 项二级指标,详见表 4-2。每项二级指标都设计 1 ~ 10 个问题不等,全卷共有 69 个需要作答的问题,学习成绩维度采用课程成绩。本研究使用 SPSS20.0 统计软件对数据进行处理，为防止出现分值集中在中间区域，问卷采用 6 点量表，采用 10 分制记录题项得分。

学习情况问卷信度检验统计　　　　　　　　　　　表 4-2

	总系数	学习投入度				EPA	LH
		AC	LP	EF	CE		
Cronbach's Alpha 系数	0.946	0.948	0.947	0.947	0.949	0.951	0.949

信度（Reliability）和效度（Validity）是教育测量中的两个基本属性指标，它们反映着问卷结构的好坏：（1）信度反映的是测量结果的可靠性、稳定性和被测特征真实程度，越稳定说明信度越好。（2）效度反映的是设计问卷能测量出学生学习情况特性的程度。下面将计算依据 CIPP 模型设计的问卷的信度和效度指标，是否达到教育测量学的指标要求。

1. 问卷信度分析

本研究通过 SPSS20.0 工具的计算，采用 Cronbach's Alpha 系数，即内部一致性的估计方法，对问卷的信度进行检验。得出问卷学术挑战度（Academic Challenge，AC）、与同伴学习程度（Learning with Peers，LP）、参与教师实践程度（Experiences with Faculty，EF）、校园环境支持度（Campus Environment，CE）、有效实践活动（Effective Practical Activities，EPA）和学习收获（Learning Harvest，LH）6 个方面的系数结果如下。

经检验，问卷整体的 Cronbach's Alpha 系数为 0.946，六项指标 Cronbach's Alpha 系数均在 0.94 ~ 0.96 之间，根据信度标准量表的信度系数标准为 0.8，说明问卷一致性好，同质性强，内部可信度高，各因子中的项目在构想上趋于一致。

2. 问卷效度分析

本研究采用的是 NSSE-China（2014）的最新题型，结合了调研学校的实际，并且采纳了相关专家的意见进行修改，问卷的内容效度符合要求。

结构效度采用探索性因子分析的方法对 KMO 统计量和 Bartlett 球形检验指标进行验证，查看公共因子是否与问卷本身相符，从表 4-3 可以看出，KMO=0.957，Bartlett 球形检验 =37823.117，显著性概率 Sig 为 0.000。当 KMO 统计量越接近 1，并且 KMO > 0.9，当 Sig < 0.05 时，数据更具有相关性，非常适合作因子分析，问卷更能真正反映学生学习情况，说明问卷的结构效度较理想。

学习情况问卷 KMO 和 Bartlett 的检验　　　　　　　　　　表 4-3

取样足够度的 Kaiser-Meyer-Olkin 度量		0.957
Bartlett 的球形度检验	近似卡方	37823.117
	df	1540
	Sig	0.000

4.2.2　教育心理学问卷

本研究从另一方面教育心理学角度研究春季学生的学习状况，主要是对于学生学习状况的相关要素，选取了学习动机、学习行为、学习环境和学习效果四个维度。学习动机是学习者的主观意志和内在动力因素，在学习的过程中起到关键性的因素，同时这也是学生学习状况的本质所在。美国心理学家陶尔曼认为，动机作用同时影响着行为，可具有不同的形式，它会驱使一个具有认知作用的结构的机体去从事操作[33]。学习行为是学习者的主观行为要素，是学习状况的外在表现，是促进学习效果的直接因素。学习者通过学习行为借助老师或者其他学习者的帮助，参考学习资料、文献，结合外界各种学习资源构成学习环境。学习效果是对学习状况的最直观评价，最直接地反映学习者的学习成果。

4.3　调研结果

4.3.1　基本情况分析

1. 学分绩点对比分析

通过调查，大一的春季招生学生学分绩点明显高于夏季招生学生，大多集中在80 ~ 90。由于大一多为公共课，考虑到学生的基础可能比较差，在制定英语、数学和物理的教学大纲时偏简单，以补充高中基础知识为主。在期末考核时，试题难度也降低了很多。因此，春季招生学生的学分绩点明显高于夏季招生（图 4-4）。

2. 公共课难易程度分析

在英语方面，春季招生学生情况不容乐观。认为英语有点难度的占 41%，认为非常难的占到了 37%，而夏季招生却只有 16%。英语教学的难度已经降低，学生还是普遍反映较难，英语基础比较差（图 4-5）。

在数学方面，春季招生学生较好。夏季招生一半以上学生认为非常难，但是春季招生学生只有 1/3 属于这种情况。通过调研专业课教师，土建类专业会运用到的高等

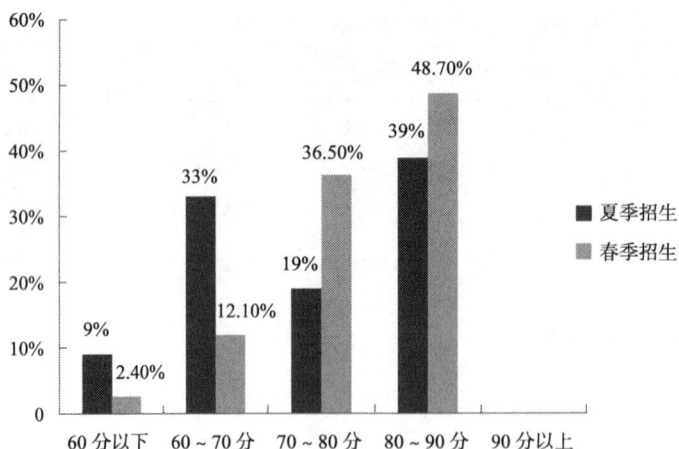

图 4-4　大一学年学生绩点对比图

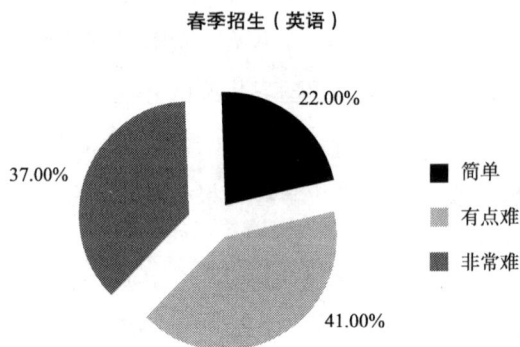

春季招生（英语）

图 4-5　英语学习情况调查图

数学知识包括：函数的性质、函数定义域、求导、求偏导、函数求极值、二重积分、微分方程、二元二次方程组的解法；线性代数知识包括：矩阵线性变换、矩阵乘法、逆矩阵、行向量（列向量）；概率知识包括：排列组合、正态分布函数的平均值、标准差和变异系数等。从授课计划上，只介绍专业课知识用到的数学知识，要比夏季招生的难度小很多，高等数学的内容中一大部分是补高中的数学知识。因此，差异合理，数学难度适合春季招生学生的接受程度，事实也证明，在考研时春季招生学生数学是非常欠缺的部分（图 4-6）。

在计算机方面，春季招生学生学习能力要强于夏季招生。夏季招生有一半以上的学生觉得计算机学习起来非常难，春季招生这部分比例还不到 1/4。大部分学生在中职学过计算机，上网时间也较多（图 4-7）。

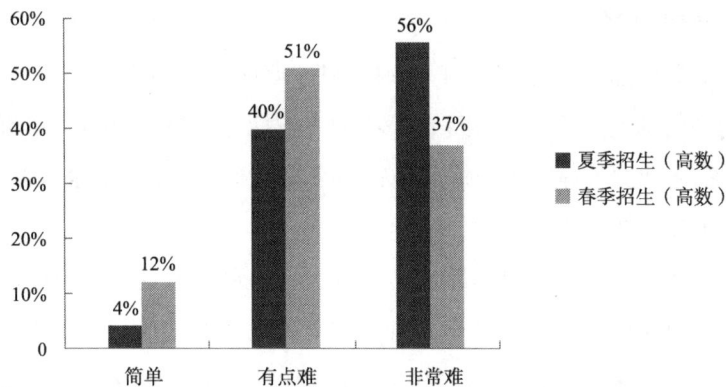

图 4-6　大一学年高数情况对比图

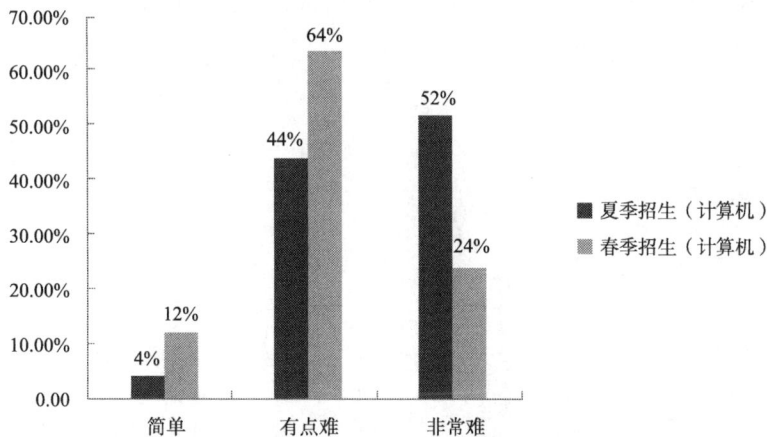

图 4-7　大一学年计算机学习情况分析图

　　在物理方面，春季招生主要是补高中知识，夏季招生大学期间不需要上大学物理。通过调研专业课教师，在土建类专业中，涉及的物理知识主要是力学合力作用点的求法，并会运用数学中的积分来计算力。大部分学生觉得通过努力能够掌握，情况也较为乐观，学生在中职也上过高中物理课（图 4-8）。

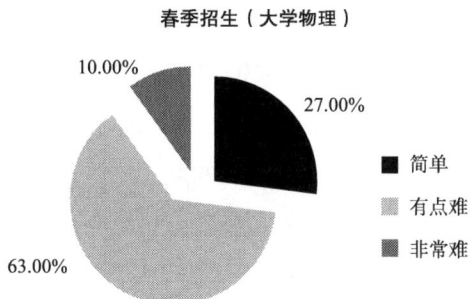

图 4-8　大一学年大学物理学习情况分析图

3. 专业课难易程度分析

在与土木工程专业学生座谈后了解到，在中职时学过的专业课包括：建筑力学、建筑材料、识图与构造、组织管理等，高考的专业课包括建筑材料、建筑力学、施工技术、识图与构造和测量等。中职每天都有高考的专业课，学习的过程都是应试教育，对动手操作能力没有想象中重视。

大一开设专业课较少，一种是综述类课程，另一种是对动手能力要求较高的制图课。综述类课程只是增加学生的认识，难度不大。两种类型的学生比较起来，认为比较简单的，夏季招生的比例高于春季招生；认为比较难的，春季招生的比例高于夏季招生；认为非常难的比例上，两者差不多。学生在中职已经接触过本专业，认为有点难，是因为大学与中职所学的内容深度和广度上有所区别，出现新知识与已有知识的冲突，甚至以前会有一些错误观念受到冲击。由于这门课文字叙述较多，学生认为知识点比较乱（图4-9）。

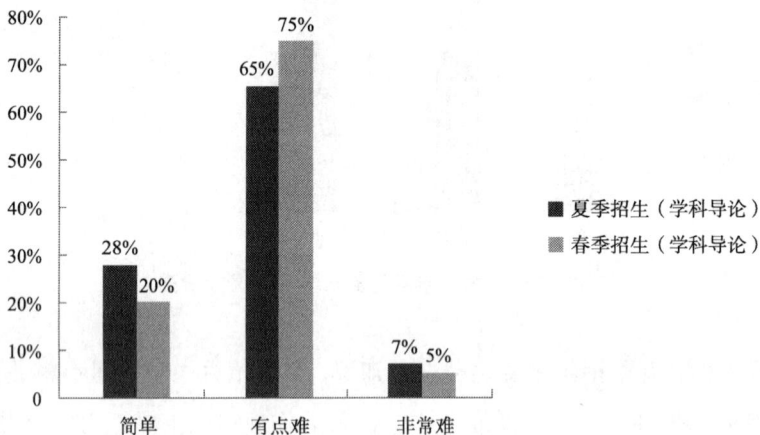

图4-9 综述类专业课学习情况对比图

对于动手能力要求较强的课程——建筑制图，出现这样的结果，让人有些意外。原本以为，学生会认为比较简单，但是认为这门课比较难的比例明显高于夏季招生，是其比例的10倍。认为经过努力能学会的比例，夏季招生的学生也高于春季招生。春季招生的学生学过建筑制图，高考也考过，但是难度和内容上跟大学的教学要求有区别，新知识跟原有知识也产生冲突，学生的观念转变慢；大学的教学更深更广，春季招生学生以前只是应试，很少从原理上来解释和说明，因此，在学习方法上也产生了很多的不适应。

通过与学生座谈，发现部分学生，在建筑制图学习方法和知识认知上是错误的，认为中职所学的是两维作图，而大学所学的是三维作图，因此，在教学时教师需要多强调理论知识的重要性。另外，春季招生学生的空间想象能力比较差，所以认为这门课非常难（图 4-10）。

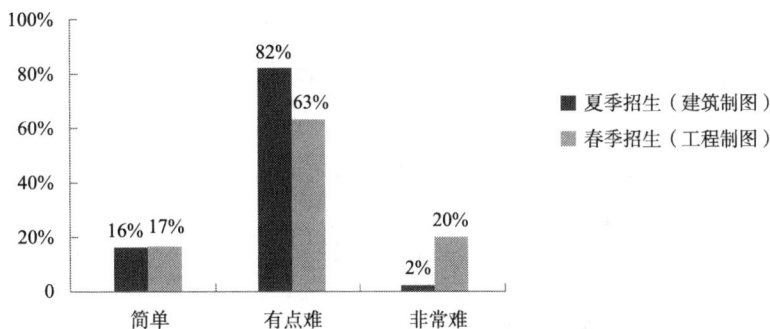

图 4-10　动手类专业课学习情况对比图

　　建筑力学是正在开设的专业基础课，在中职学过其中的三个章节中的部分，大部分的知识没有涉及，并且系统性不强。学生的力学基础较差，仅仅是一个学期补充的物理知识，导致学生学习建筑力学有些困难。

　　通过对学生的学分绩点、公共课难易程度、专业课难易程度的调研进行分析，春季招生学生的公共课授课内容主要以补齐高中知识为主，所以内容相较夏季招生学生简单，在专业课方面春季学生普遍认为较困难是因为涉及一定的空间想象能力和力学基础，这是春季学生所欠缺的。

4.3.2　基于 NSSE-China 问卷的调研结果

　　春季招生与夏季招生学生进行对比参照，对六项一级指标进行统计，峰度系数与其标准误差的比值绝对值都大于 2，拒绝了正态分布，因此在检验两个独立样本的显著性差异时采用了非参数检验的曼 - 惠特尼 U 检验（Mann-Whitney U 检验）。

　　学生整体学习情况的比较按照每项的平均分进行比较，满分是 10 分，理论上的中等强度观测值为 6.0 分。表 4-4 统计了两组学生六项一级指标的均值，春季招生学生的均值为 3.7，夏季招生学生的均值为 3.49，Mann-Whitney U 检验的 Sig 值为 0.000<0.05，说明两组学生的差异显著。两组的标准差比较，春季招生 0.71994> 夏季招生 0.70125，说明春季招生组比夏季招生组离散。

1. 总体情况结果分析

　　从表 4-4 中可以看出，春季招生学生较夏季招生学生分数普遍高，任何一项都会高出一些,但是分值都没有超过中等线 6.0 的,说明学生学习情况都还是不太让人满意,学生的学习投入还是不够,未来还是需要改善和调整。从分值情况来看,分值最高的是学习收获为 4.22 分,春季招生的学生在大学的收获较多。其次的是与同伴的合作学习、校园环境支持度和参与教师实践程度的得分明显高于夏季学生。再次是校园的支持度得分为分值最低的是有效实践活动和学术挑战度的得分为 3.49,说明学生认为在大学里对于实践能力的重视程度不够,并且学术挑战度并不高。

学生学习情况统计表 表 4-4

分组	AC均值	LP均值	EF均值	CE均值	EPA均值	LH均值	整体学情均值	整体学情标准差	非参数检验（Mann-Whitney U 检验）Sig
春季招生	3.49	3.87	3.68	3.86	3.49	4.22	3.7	0.71994	0.000
夏季招生	3.18	3.67	3.48	3.64	3.46	3.96	3.49	0.70125	

得出春季招生学生分值高的结论确实挺出乎意料,在我们的固有认识中,春季招生的学生高中基础知识是比较弱的,实践操作能力较强,专业素质会较强。学生在刚入学时,学校和教师都较为重视,给春季招生学生创造了良好的校园环境,因此学生的校园环境支持度的得分明显高于夏季招生的学生。在安排春季招生学生计划时,学生课业的难度会比较弱,前两年的基础课主要放在补充学生的高中基础知识上,因此,学生觉得学业挑战度低是因为教师的主观判断错误。经过了解,学生在实践操作能力上确实比起中职阶段的教育变弱了许多,教育的重点在理论知识的深入讲解上,学生有三年的专业基础和实践能力,对于理论知识的理解也是一种促进作用,学生的理解能力并没有教师想象中的弱,反而是比常规模式的学生好。春季招生学生沟通能力较好,更愿意和同伴与老师交流。表 4-5 较为详细地列出了两组学生 NSSE-China 的调研结果显著情况,在后面的分析中会比较详细地进行分析。

学习性投入问卷统计 表 4-5

一级指标	二级指标	题项
学业挑战度（显著）	高阶思维学习（显著）	b1.触类旁通地记忆知识（不显著） b2.应用理论知识解决实际问题（显著） b3.质疑某观点、经验或者理论（显著） b4.形成过自己新的观点（显著） b5.学期论文写作量（不显著）

续表

一级指标	二级指标	题项
学业挑战度 （显著）	反思学习与整合学习 （显著）	c1. 运用其他学科思路来解决问题（显著） c2. 在实践中有意识地去检验过理论（显著） c3. 检查自己提出观点的优势和不足（显著） c4. 多角度多方位思考问题（显著） c5. 学习与你固有观念相悖的理论和观点（显著）
	学习策略（显著）	d1. 学习过程中能把握重点（显著） d2. 课后复习笔记（显著） d3. 总结课堂知识（显著） d4. 上一学年学习未遇到任何难题（显著）
	数理论证（显著）	e1. 运用统计方法思考学术问题（显著） e2. 运用统计方法思考社会问题（显著）
主动合作学习 （显著）	合作学习（显著）	f1. 向同学请教（显著） f2. 辅导或帮助同学（显著） f3. 课前与同学一起准备课堂内容（显著） f4. 课中与同学结成小组讨论并完成课堂任务（不显著） f5. 课后与同学合作完成作业（显著） f6. 拥有良好的同学关系（显著）
	与同学交流（不显著）	g1. 与本院其他专业同学交流的次数（不显著） g2. 与本校其他学院同学交流的次数（不显著） g3. 与其他学校同学交流的次数（显著）
生师互动 （显著）	师生互动（显著）	h1. 与老师畅谈职业规划（显著） h2. 邀请老师参与班级活动或社团活动（显著） h3. 与老师交流学业及课余生活（显著） h4. 能够主动帮助老师完成工作（显著） h5. 与老师建立良好的师生感情（显著）
	有效的教学实践（显著）	i1. 老师清晰地阐述课程目标和要求（显著） i2. 老师对本学期的课程有计划和安排（显著） i3. 老师使用案例等来解释教学难点（显著） i4. 老师结合课堂反应作出调整及反馈（显著） i5. 老师根据作业及测试情况作出教学调整（不显著）
校园环境支持 度（显著）	与校内人员关系（不显著）	j1. 与同学关系（不显著） j2. 与任课老师关系（不显著） j3. 与辅导员关系（不显著） j4. 与宿舍管理员关系（不显著） j5. 与学校领导关系（不显著）

续表

一级指标	二级指标	题项
校园环境支持度（显著）	校内环境支持（显著）	k1. 提供学生充足的在校学习时间（不显著） k2. 为学生开展学术工作提供电脑或书籍（不显著） k3. 鼓励不同专业、不同学院、不同学校的学生相互交流（显著） k4. 组织各类社会实践和实习活动（显著） k5. 提供娱乐、健康医疗、心理咨询（显著） k6. 帮助学生解决工作和家庭等非学术事项（显著） k7. 举办艺术展、运动会、演讲等校园活动（显著） k8. 举行关于社会、经济、政治等重要会议（显著） k9. 提供就业帮助与便利（不显著）
教育经验丰富度（显著）	有效实践活动（不显著）	l1. 参加暑假社会实践或就业实习（不显著） l2. 担任学生社团领导（不显著） l3. 参加学习小组（不显著） l4. 出国做交换生或旅行（不显著） l5. 参加老师的科研项目（不显著） l6. 参加大学生竞赛（不显著） l7. 通过所有考试、完成毕业论文（显著）
学习收获（显著）	个人收获自评（显著）	m1. 广泛涉猎各种知识（显著） m2. 写作逻辑思维清晰（不显著） m3. 自然流畅地阅读（显著） m4. 掌握未来工作技能（显著） m5. 明确职业规划（显著） m6. 明确价值取向和道德取舍（不显著） m7. 增进对不同国家、文化、民族、宗教的理解（不显著） m8. 增进对艺术、文学、音乐、美学的理解（不显著） m9. 对学校的认同感（显著） m10. 对专业的认同感（显著） m11. 基础课学习情况（不显著） m12. 理论课学习情况（不显著） m13. 专业实践类学习情况（显著）
	学习成绩（显著）	BIM5D 课程成绩（显著）

资料来源：本问卷的部分题项来源于清华大学出版的学习投入度调查问卷手册[34]。

2. 背景评价结果分析

通过学生背景情况访谈，教师普遍认为春季组高中基础知识比较弱，实践操作能力较强，专业素质较强。第一批春季学生入学，高校与教师都较为重视，给春季组学生创造了良好的校园环境，因此校园环境支持度得分高。在编制春季组学生教学计划时，教师有意降低学业挑战度，前两年的基础课主要放在补齐高中基础知识上，学业挑战度低是由于教师主观判断失误造成。经了解，学生在实操能力上确实比中职阶段变弱许多，重点在理论知识的讲解，学生中职阶段的专业基础和实践训练，对理论知识的学习是一种促进作用，学生专业理解能力没有教师想象中弱，反而比夏季组好。

3. 输入评价结果分析

两组学生学习性投入总体情况掌握后，下面针对 4 维度学生学习性投入情况展开阐述，对两组学生分别比较。

（1）学业挑战度

学业挑战度有 4 项二级指标，包括高阶思维学习、反思学习与整合学习、学习策略与数理论证，共 16 个题项。从表 4-6 反映出，4 项二级指标，春季组情况均好于夏季组，具体题项的分值也偏高，均值差距不大，离散程度相差不多，但是非参检验结果表明，两组差异显著。

针对 16 个具体的题目进行分析，有 14 个项目差异显著，有 2 个项目差异不显著。

B：高阶思维学习

b1. 触类旁通地记忆知识而不是死记硬背（不显著），说明学生记忆知识的方式没有显著区别。

b2. 应用理论知识解决过实际问题（显著），春季招生学生更擅长将所学理论和实践结合起来，原因是以前有实践的基础。

b3. 质疑过某观点、经验或者理论，并思考其构成要素（显著），春季招生学生的实践经验可能会跟现在所学的理论知识出现不一致的地方，所以会思考这方面的问题。

b4. 形成过自己新的观点（显著），春季招生学生在整合所学知识、归纳新的观点方面比较有优势，主要是因为有一定的实践基础。

b5. 过去一年完成过 500 字以上论文、报告、文章和作业（不显著），大多都是完成老师布置的作业才去进行写作，写作的作业与老师的要求差不多，没有差别。

C：反思学习与整合学习

c1. 运用其他学科思路来解决问题（显著），春季招生学生利用实践的经验整合所学知识。

c2. 在实践中有意识地去检验过理论，并进行了相关思考（显著），反思学习能力提升。

c3. 检查过自己提出观点的优势和不足（显著）。

c4. 多角度多方位的思考问题（显著）。

c5. 学习与你固有观念相悖的理论和观点，并修正你原有理论和相关价值观（显著）。

D：学习策略

d1. 学习过程中能把握重点（显著）。

d2. 课后复习笔记（显著），春季招生学生学习态度要好。

d3. 总结课堂知识（显著）。

d4. 上一学年学习未遇到任何难题（显著）。

E：数理论证

e1. 运用统计方法思考学术问题（显著）。

e2. 运用统计方法思考失业、环保、公共健康、食品安全等社会问题（显著），能够学以致用。

表4-6 汇总了学业挑战度的两组学生的得分与检验情况。反思学习与整合学习是得分最高的项目，春季组显著好于夏季组，中职阶段的实训较多，进入大学后所学理论知识居多，学生会用现在所学的理论知识来反思之前的实践，用实践经验促进理论知识的理解、修正原有理论和相关价值观，这方面表现突出，明显优于夏季组。其次是高阶思维学习，触类旁通地记忆知识、质疑过观点和理论、形成新观点方面好于夏季组。学习策略方面，春季组学习习惯明显好于夏季组，表现在课后复习笔记、总结课堂知识方面。分值最低的是数理论证，春季组得分虽高于夏季组，但原因是教师考虑学生的基础知识水平，尤其对数学和物理的要求，降到高中知识水平，但仍表现吃力。

学业挑战度统计表　　　　　　　　　　　　　　表4-6

项目	题项编号	题项内容	组别	均值	标准差	非参数检验（Mann-Whitney U 检验）Sig
学业挑战度	B	高阶思维学习	春季组	3.6	0.85633	0.001
			夏季组	3.35	0.88235	
	C	反思学习与整合学习	春季组	3.67	0.93177	0.000
			夏季组	3.4	0.91733	
	D	学习策略	春季组	3.38	0.92002	0.001
			夏季组	3.18	0.93403	
	E	数理论证	春季组	2.98	1.11257	0.003
			夏季组	2.78	1.04472	

（2）主动合作学习

主动合作学习包括两项二级指标：一项是合作学习，包括了6个题项；另一项是与同学交流，包括了3个题项，共包含了9个题项。从表4-7与同伴学习程度统计表的结果反映出，春季招生学生的情况也是较好一些，平均分差距不大，但是都没有超过 6.0 分，离散程度也差不多，非参检验的结果表明，合作学习项差异显著，而与同学交流项两组学生情况没有明显差别。

F：合作学习

f1. 向同学请教课程内容（显著）。

f2. 辅导或帮助过同学（显著）。

f3. 课前与同学一起准备课堂内容（显著）。

f4. 课中与同学结成小组讨论并完成课堂任务（不显著），两组学生课堂表现相当。

f5. 课后与同学合作完成课程设计、作业或考试（显著），春季招生学生更善于与同学合作。

f6. 能够迅速融入群体，拥有良好的同学关系（显著）。

G：与同学交流

g1. 与本院其他专业同学交流的次数（不显著），人际关系符合这个年龄段的特点，几乎没有区别。

g2. 与本校其他学院同学交流的次数（不显著）。

g3. 与其他学校同学交流的次数（显著），其他学校的同学可能较少，不像夏季招生学生的情况遍布全国各地。

合作学习相较于其他二级项目来说，得分较高，差距明显，从表 4-7 的数据可以看出春季招生学生优于夏季招生学生。得分最高的项目显示，学生都认为自己能够迅速融入群体，拥有良好的同学关系，在课程学习中重视团队的作用。在与同学交流的过程中，两组学生无明显差异，符合这种年龄段年轻人的特点。

与同伴学习程度统计表　　　　　　　　　　　　　　表 4-7

项目	题项编号	题项内容	组别	均值	标准差	非参数检验（Mann-Whitney U 检验）Sig
与同伴学习程度	F	合作学习	春季组	3.93	0.94721	0.001
			夏季组	3.7	0.89419	
	G	与同学交流	春季组	3.74	1.18308	0.110
			夏季组	3.63	1.04984	

（3）生师互动

生师互动有 2 项二级指标，包括师生互动、有效教学实践，共 10 个题项。从表 4-8 反映出，春季组情况稍好，均值差距不大，非参检验结果表明，Sig 值均小于 0.05，两组学生差异显著。

H：师生互动

h1. 与任课老师或辅导员畅谈职业规划（显著），学生更愿意跟老师沟通交流。

h2. 邀请任课老师或辅导员参与班级活动或社团活动（显著）。

h3. 与任课老师或辅导员交流过学业及课余生活（显著）。

h4. 能够主动帮助任课老师或辅导员完成老师的工作（显著）。

h5. 与任课老师或辅导员建立了良好且紧密互动的师生感情（显著）。

I：有效教学实践

i1. 老师能够清晰地阐述课程目标和要求（显著）。

i2. 老师能够对本学期的课程有计划和安排（显著），春季招生学生对老师的满意度和认可度都较高。

i3. 老师能够使用案例等来解释教学难点（显著）。

i4. 老师能够结合课堂反应作出调整及反馈（显著）。

i5. 老师能够根据作业及测试情况作出教学调整（不显著），老师对两组学生的作业情况批改都相似，差异不显著。

生师互动得分较高，春季组对教师满意度较高，从表4-8可以看出春季招生学生得分高于夏季招生学生。师生互动方面，春季招生学生认为跟老师的关系更加亲密，也更愿意跟老师畅谈自己的理想，课下交流多。有效教学活动方面，春季招生学生认为教学活动课程目标清晰、计划安排合理，教师对待春季招生的学生更加有耐心、难点更加突出，教师对两组学生的作业反馈情况相似。

参与教师实践程度统计表

表4-8

项目	题项编号	题项内容	组别	均值	标准差	非参数检验（Mann-Whitney U 检验）Sig
参与教师实践程度	H	师生互动	春季组	3.1	1.11250	0.001
			夏季组	2.85	1.09788	
	I	有效教学实践	春季组	4.26	1.06120	0.018
			夏季组	4.1	1.07547	

（4）校园环境支持度

校园环境支持度有2项二级指标，包括与校内人员的关系、校内环境支持，共14个题项。从表4-9反映出，春季招生学生得分高，两组差距不大，非参检验结果表明，与校内人员的关系差异不显著，校内环境支持差异显著。

J：与校内人员的关系：学生人际交往的能力符合年龄段的特点，没有区别。

j1. 同学（不显著）。

j2. 任课老师（不显著）。

j3. 辅导员（不显著）。

j4. 宿舍管理员（不显著）。

j5. 学校的领导（不显著）。

K：校内环境支持

你认为学校在下列哪些方面发挥了作用

k1. 提供学生充足的在校学习时间（不显著），学校硬件条件对两组学生来说没有差别。

k2. 为学生开展学术工作提供电脑或书籍（不显著）。

k3. 鼓励不同专业、不同学院、不同学校的学生相互交流（显著），学校层面和老师对春季招生学生的关注更多。

k4. 组织各类社会实践和实习活动（显著），春季招生学生对实习和实践的内容更加热衷。

k5. 提供娱乐、健康医疗、心理咨询（显著），春季招生学生平时更多受到老师的关注。

k6. 帮助学生解决工作和家庭等非学术事项（显著），对春季招生学生，老师关心较多。

k7. 举办艺术展、运动会、演讲等校园活动（显著），同样的事情，感受不同，春季招生学生的满意度较高。

k8. 举行关于社会、经济、政治等重要会议（显著），同上。

k9. 提供就业帮助与便利（不显著）：调研的对象是大二、大三的学生，学生的就业是大学生创新创业或者是兼职的内容，环境是相似的。

从入学之初，学校各教学单位和部门有针对性地研究春季组教学资源的配置，尤其是保证学生学习资源方面。从追踪调研情况看，学校对春季组学生重视度高，投入资源多，结果符合实际情况。与校内人员的关系无显著差异，与同学、老师、管理人员的关系，两组学生感受相同，符合该年龄段的特点。从校内环境支持方面来看，通过对比表 4-9 中的数据，可以看出春季招生学生的感受都好于夏季招生的学生。

校园环境支持度统计表 表 4-9

项目	题项编号	题项内容	组别	均值	标准差	非参数检验（Mann-Whitney U 检验）Sig
校园环境支持度	J	与校内人员的关系	春季组	3.41	0.99232	0.873
			夏季组	3.39	0.89559	
	K	校内环境支持	春季组	4.11	1.04861	0.002
			夏季组	3.9	0.99794	

4. 过程评价结果分析

过程评价不属于 NSSE 的评价范围，本研究专门针对学生实践活动作了问卷与调研，对实践水平作出评价。一般认为春季组实践能力有优势，但从表 4-10 反映出，均值相差无几，非参检验结果表明，两组学生差异不显著。

有效实践活动的项目包括学生对实习、实训、课程设计等实践教学的重视程度，对课外社团活动、学习小组、大学生竞赛等项目的态度，两组学生无差异。春季高考有专业技能考试，进入大学一段时间，优势已经失去，跟夏季组水平相当，这跟大学教师上课的重点在理论知识上有较大关联，学生实践能力有所下降。

L：有效实践活动

在大学生活中，您已经完成或者计划完成下列事项：

11. 参加暑假社会实践或就业实习（不显著），对实践的认知情况两组学生相似，春季招生学生的优势有所下降。

12. 担任学生社团领导（不显著），面对的环境相似，学生作出的反应也相似。

13. 参加学习小组（不显著）。

14. 出国做交换生或旅行（不显著）。

15. 参加老师的科研项目（不显著），教师在看待学生方面是平等的，区别不大。

16. 参加大学生竞赛（不显著），学生有意识地去学习新知识方面也没有区别。

17. 通过所有考试、完成毕业论文（显著），春季招生学生更注重平时的学习，更关注分数。

有效实践活动统计表 表 4-10

项目	题项编号	题项内容	组别	均值	标准差	非参数检验（Mann-Whitney U 检验）Sig
有效实践活动	L	有效实践活动	春季组	3.49	0.88472	0.732
			夏季组	3.46	0.82929	

5. 成果评价结果分析

学习收获维度不属于 NSSE 的问卷内容，为考察两组学生的学习收获及自我学习评价在问卷中增设了该项目。从表 4-11 的结果可以看出，两组差异显著，春季组学习收获高于夏季组，无论是专业知识还是写作、阅读、工作技能等方面，主要原因是教师降低对春季组的要求，另一原因是学生学习较努力。

在对学校和专业满意度上，两组学生差异显著，春季组满意度明显好于夏季组。在学习成绩方面，由于基础课学习内容不同，不具有可比性；专业课内容基本相似，差异不显著；课程设计成绩，差异显著，春季组成绩好于夏季组。

M：个人收获自评

m1. 广泛涉猎专业与非专业知识（显著），春季招生学生更加有意识去多学习，多涉猎。

m2. 写作时逻辑思维清晰、表达准确（不显著），写作水平相似，无差异。

m3. 能进行自然流畅地阅读（显著）。

m4. 掌握未来工作技能（显著），春季招生学生有实践经验，更清楚未来技能的重要性。

m5. 明确职业规划（显著），对专业有更多和更清醒的认识，接触专业时间长。

m6. 明确自己的价值取向和道德取舍（不显著），年龄段的共同特点。

m7. 增进对不同国家、文化、民族、宗教的理解（不显著）。

m8. 增进对艺术、文学、音乐、美学的理解（不显著）。

m9. 如果可以重新选择，你还会就读本校（显著），春季招生对学校的满意度高。

m10. 如果可以重新选择，你还会选择本专业（显著），春季招生学生对专业的满意度高。

m11. 你的基础课（英语、数学、计算机）学习情况（不显著），对春季招生学生的基础知识水平要求低，学生对基础课的感受相似。

m12. 你的专业课理论学习情况（不显著）。

m13. 你的专业课实践类（实习、课程设计）学习情况（显著），春季招生学生更清楚实践课程的重要性。

学习收获统计表　　　　　　　　表 4-11

项目	题项编号	题项内容	组别	均值	标准差	非参数检验（Mann-Whitney U 检验）Sig
学习收获	M	学习收获	春季组	4.22	0.79275	0.000
			夏季组	3.96	0.78755	

6. 考试成绩结果分析

为测试真实差异情况，选取工程管理专业春季招生学生与夏季招生学生《BIM5D》课程成绩比较。春季组样本是 39 人，夏季组为 34 人。学习时长、学习方式与考试内容完全相同，两个班分开授课，非参检验显示，两组差异显著（表 4-12）。

《BIM5D》课程成绩非参检验结果　　　　　　　　表 4-12

原假设	测设	Sig
成绩的分布在分组类别上相等	独立样本 Mann-Whitney U 检验	0.018

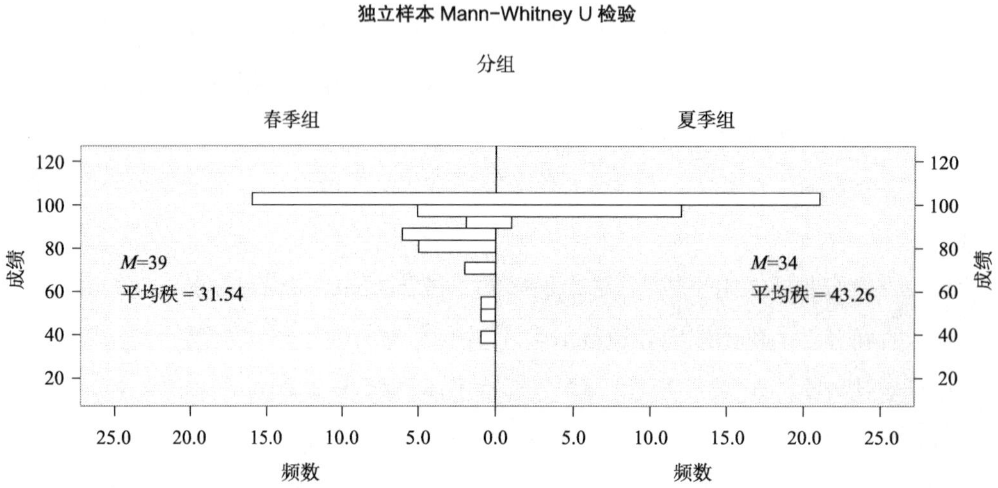

独立样本 Mann-Whitney U 检验

图 4-11　两组成绩均值对比

描述统计量　　　　　　　　表 4-13

组别	N	全距	极小值	极大值	均值		标准差	峰度	
	统计量	统计量	统计量	统计量	统计量	标准误差	统计量	统计量	标准误差
春季组	39	60.21	38.11	98.32	86.4067	2.35373	14.69907	2.810	0.741
夏季组	34	10.55	87.77	98.32	95.4632	0.47501	2.76974	0.163	0.788

两组学生成绩比较，检验结果显示差异显著，从表 4-13 看出春季组成绩均值低于夏季组。春季组成绩标准差 14.69907 > 夏季组 2.76974，从图 4-11 全距统计量看出，春季组成绩离散性较大，成绩两极分化现象较严重。

上述通过对春季组和夏季组两个独立性样本差异化对比从而得出多方面的结果进行分析。

4.4　分析

依据 NSSE-China 问卷对春季招生学生进行内部结构的分析，对同是春季招生的不同分类方式的学生进行研究，提高春季招生学生的培养质量。不同的分类方式包括性别结构、专业结构、年级结构、班级排名结构、学习时间、高中经历结构、期望达到的教育水平结构、生源地结构与家庭背景结构。

4.4.1　性别结构分析

春季招生学生男生占比 64.56%，女生占 35.44%。基本符合工科、文科学生的平均比例，表 4-14 为不同性别的学生学习投入度的区别情况，非参数检验结果中，斜体加下划线的内容为区别不显著的项目。

性别结构学习投入度汇总　　　　　　　　　　　　　　表 4-14

项目	题项编号	均值		非参数检验（Mann-Whitney U 检验）Sig
高阶思维学习	B	男	3.64	*0.152*
		女	3.52	
反思学习与整合学习	C	男	3.72	*0.172*
		女	3.59	
学习策略	D	男	3.31	0.023
		女	3.50	
数理论证	E	男	2.99	*0.696*
		女	2.95	
合作学习	F	男	3.86	0.014
		女	4.06	
与同学交流	G	男	3.73	*0.643*
		女	3.76	
师生互动	H	男	3.09	*0.852*
		女	3.11	
有效教学实践	I	男	4.18	0.032
		女	4.41	
与校内人员的关系	J	男	3.37	*0.079*
		女	4.49	

项目	题项编号	均值		非参数检验（Mann-Whitney U 检验）Sig
校内环境支持	K	男	4.07	*0.381*
		女	4.17	
有效实践活动	L	男	3.53	*0.222*
		女	3.42	
学习收获	M	男	4.15	0.004
		女	4.37	
学情	XQ	男	3.68	0.184
		女	3.75	

从性别结构上来看，春季招生学生总体差异不明显，Sig=0.184 > 0.05。在学习策略、合作学习、有效教学实践和学习收获四方面，女生的平均值优于男生，并且差距是显著的。在高阶思维、反思学习与整合学习、数理论证和有效实践活动这四方面，虽然男生的平均分高于女生的平均分，但是差距并不显著，其他四个方面差距也不显著。

因此，女生在人际交往、与人合作和学习态度方面有明显优势，男生的高阶思维、数理能力和动手能力有优势，但是并不明显。在设置春季招生学生的选修课时，可以考虑男生女生不同的课程，让学生更多地发挥自己的优势。

4.4.2 专业结构分析

从专业大类上来看，机械类占 17.55%，建工类占 30.02%，电气类占 16.28%，计算机类占 13.95%，环境类占 9.09%，管理类占 13.11%。春季招生学生中，工科类占了大多数，文科占比例较少，春季招生学生在高考时就设置为实践类要求较高的专业占了大多数，其中建工类的比例占了 1/3。表 4-15 为不同专业的学生学习投入度的区别情况，非参数检验结果中，斜体加下划线的内容为区别不显著的项目。

从专业结构上来看，土建类专业春季招生学生学情总的情况与其他春季招生专业学生差距不明显 Sig=0.223 > 0.05。但是在高阶思维学习、反思学习与整合学习、师生互动和有效实践活动方面，均值处于中上等，检验结果差异显著。在学习策略、数理论证、合作学习、与同学交流、有效教学互动、与校内人员的关系和学习收获方面，均值处于中等，检验结果差异不显著。校内环境支持的均值最低，但是差异不明显。

土建类春季招生学生由于专业的特点，实践与理论结合的较为紧密，实操类课程较多，所以高阶思维和反思整合学习能力较强。学情的其他方面也能在春季招生学生中处于中等，并没有显著的优势和劣势。

专业结构学习投入度汇总　　　　　表 4-15

项目	题项编号	均值		非参数检验（Mann-Whitney U 检验）Sig
高阶思维学习	B	机械	3.41	0.009
		建工	3.71	
		电气	3.78	
		计算机	3.65	
		资环	3.49	
		商学院	3.4	
反思学习与整合学习	C	机械	3.53	0.037
		建工	3.74	
		电气	3.89	
		计算机	3.67	
		资环	3.66	
		商学院	3.46	
学习策略	D	机械	3.13	*0.107*
		建工	3.49	
		电气	3.41	
		计算机	3.39	
		资环	3.45	
		商学院	3.35	
数理论证	E	机械	2.77	*0.514*
		建工	3.01	
		电气	3.06	
		计算机	3.03	
		资环	3.07	
		商学院	2.95	
合作学习	F	机械	3.66	*0.052*
		建工	4.06	
		电气	4.00	
		计算机	3.98	
		资环	3.95	
		商学院	3.85	

项目	题项编号	均值		非参数检验（Mann-Whitney U 检验）Sig
与同学交流	G	机械	3.62	*0.255*
		建工	3.78	
		电气	3.65	
		计算机	3.72	
		资环	4.11	
		商学院	3.70	
师生互动	H	机械	2.79	0.049
		建工	3.25	
		电气	3.14	
		计算机	3.22	
		资环	3.33	
		商学院	2.84	
有效教学实践	I	机械	3.98	*0.163*
		建工	4.27	
		电气	4.34	
		计算机	4.31	
		资环	4.21	
		商学院	4.52	
与校内人员的关系	J	机械	3.16	*0.066*
		建工	3.59	
		电气	3.42	
		计算机	3.39	
		资环	3.28	
		商学院	3.44	
校内环境支持	K	机械	4.07	*0.814*
		建工	4.06	
		电气	4.26	
		计算机	4.03	
		资环	4.16	
		商学院	4.13	

项目	题项编号	均值		非参数检验（Mann-Whitney U 检验）Sig
有效实践活动	L	机械	3.36	0.009
		建工	3.68	
		电气	3.51	
		计算机	3.53	
		资环	3.40	
		商学院	3.20	
学习收获	M	机械	4.06	*0.173*
		建工	4.29	
		电气	4.18	
		计算机	4.30	
		资环	4.08	
		商学院	4.35	
学情	XQ	机械	3.50	*0.223*
		建工	3.78	
		电气	3.79	
		计算机	3.72	
		资环	3.74	
		商学院	3.65	

4.4.3　年级结构分析

从调查的结果来看，春季招生学生 2014 级占 62.16%，2015 级占 37.84%。通过了解也发现，春季招生学生呈现逐年下降的趋势，从目前的状况来看，与夏季招生学生同在一种教育环境的可能性越来越小了。表 4-16 为不同年级的学生学习投入度的区别情况，非参数检验结果中，斜体加下划线的内容为区别不显著的项目。

年级结构学习投入度汇总　　　　　　　　　　表 4-16

项目	题项编号	均值		非参数检验（Mann-Whitney U 检验）Sig
高阶思维学习	B	2015 级	3.53	0.021
		2014 级	3.72	
反思学习与整合学习	C	2015 级	3.57	0.003
		2014 级	3.84	

项目	题项编号	均值		非参数检验（Mann-Whitney U 检验）Sig
学习策略	D	2015 级	3.26	0.001
		2014 级	3.58	
数理论证	E	2015 级	2.88	0.016
		2014 级	3.13	
合作学习	F	2015 级	3.87	0.038
		2014 级	4.04	
与同学交流	G	2015 级	3.62	0.004
		2014 级	3.94	
师生互动	H	2015 级	3.00	0.033
		2014 级	3.25	
有效教学实践	I	2015 级	4.13	0.001
		2014 级	4.48	
与校内人员的关系	J	2015 级	3.32	0.018
		2014 级	3.57	
校内环境支持	K	2015 级	4.04	0.07
		2014 级	4.21	
有效实践活动	L	2015 级	3.45	*0.322*
		2014 级	3.55	
学习收获	M	2015 级	4.14	0.003
		2014 级	4.37	
学情	XQ	2015 级	3.61	0.002
		2014 级	3.85	

从年级结构上看，春季招生两个年级的学生大二与大三的差距非常显著 Sig=0.002<0.05。从考察的 12 个分项指标来看，2014 级学生的均值都大于 2015 级，有效实践活动虽然有差距，但并不是很明显，春季招生学生在中职阶段已经有了较强的实践基础，所以大学的课程对他们来说，还是理论偏多，实践偏少，因此大三学生虽然比大二学生多了一些实习和实践，可能跟中职比起来并没有什么太明显的优势，所以在这个指标上，两个年级差异不显著。

两个年级的学生比较，大三学生的能力明显比大二学生有所提高，从学术挑战度、与同伴学习程度、参与教师实践程度、校园环境支持度、学习收获方面都有显著提高，学生经过大学的学习也都有了提高。在设置实践课程体系时，要充分考虑春季招生学生的专业基础，加大难度，这也是春季招生制定培养计划的重点。

4.4.4　班级排名结构分析

大学一个标准班大概在 40 人左右，春季招生每个专业都是招收一个班，从表 4-17 可以看出学生学习成绩在学习投入度上面的区别，斜体加下划线的内容为区别不显著的项目，成绩好的学生并不是在所有项目上都占优势，也不是所有的项目都区别显著。

班级排名结构学习投入度汇总

表 4-17

项目	题项编号	均值		非参数检验（Mann-Whitney U 检验）Sig
高阶思维学习	B	0 ~ 10	3.61	*0.737*
		11 ~ 20	3.65	
		20 ~ 30	3.57	
		30 以上	3.54	
反思学习与整合学习	C	0 ~ 10	3.82	0.011
		11 ~ 20	3.70	
		20 ~ 30	3.63	
		30 以上	3.42	
学习策略	D	0 ~ 10	3.69	0.000
		11 ~ 20	3.51	
		20 ~ 30	3.12	
		30 以上	2.99	
数理论证	E	0 ~ 10	3.06	*0.102*
		11 ~ 20	3.09	
		20 ~ 30	2.88	
		30 以上	2.79	
合作学习	F	0 ~ 10	4.18	0.000
		11 ~ 20	4.06	
		20 ~ 30	3.77	
		30 以上	3.55	

项目	题项编号	均值		非参数检验（Mann-Whitney U 检验）Sig
与同学交流	G	0 ~ 10	3.80	*0.264*
		11 ~ 20	3.83	
		20 ~ 30	3.76	
		30 以上	3.48	
师生互动	H	0 ~ 10	3.41	0.000
		11 ~ 20	3.14	
		20 ~ 30	2.94	
		30 以上	2.73	
有效教学实践	I	0 ~ 10	4.30	0.009
		11 ~ 20	4.41	
		20 ~ 30	4.07	
		30 以上	4.05	
与校内人员的关系	J	0 ~ 10	3.45	0.046
		11 ~ 20	3.55	
		20 ~ 30	3.32	
		30 以上	3.24	
校内环境支持	K	0 ~ 10	4.20	*0.172*
		11 ~ 20	4.21	
		20 ~ 30	3.95	
		30 以上	3.99	
有效实践活动	L	0 ~ 10	3.72	0.000
		11 ~ 20	3.57	
		20 ~ 30	3.33	
		30 以上	3.17	
学习收获	M	0 ~ 10	4.36	0.000
		11 ~ 20	4.34	
		20 ~ 30	4.14	
		30 以上	3.91	
学情	XQ	0 ~ 10	3.85	0.000
		11 ~ 20	3.80	
		20 ~ 30	3.58	
		30 以上	3.47	

从学生的班级排名看，学生学情的总体差距较明显 Sig=0.000<0.05。整体来说，学生各方面的差距都比较明显，尤其是在与同伴学习程度、教师实践程度和学习收获方面，学生差异明显。高阶思维学习和数理论证，都是学术挑战度的指标，四组学生的差距不明显，说明成绩排名靠前的学生优势并不明显，学业挑战度并没有很好的区分能力。在与同学交流和校内环境支持方面，四组学生的差距也不显著，与同学交往和对学校的感受相差无几。

通过四组学生的比较，成绩排名靠前的学生的学习都能很好地配合教师的有效实践活动，春季招生学生的积极性与教师的关注度关联很大。在反思学习与整合学习、学习策略、合作学习、师生互动、有效教学实践、与校内人员的关系、有效实践活动、学习收获方面，学生的差距比较大，这是由于成绩排名靠前的学生已经养成了良好的学习习惯，能够主动配合各种学习活动。

4.4.5　学习时间结构分析

从周自习时间均值结构来看，从不上自习占 17.97%，1 ~ 5 小时占 44.19%，6 ~ 10 小时占 20.71%，11 ~ 15 小时占 8.46%，16 小时以上占 8.67%。大部分同学每天的课后学习时间为 1 ~ 2 小时，从表 4-18 可以看出学生课后学习时间在学习投入度方面的区别，斜体加下划线的项目是学习时间与结果没有显著区别的项目，从中可以看出，并不是学习时间越长，学生的学习投入度越好。

学习时间结构学习投入度汇总　　　　　　　　　　　　　表 4-18

项目	题项编号	均值		非参数检验（Mann-Whitney U 检验）Sig
高阶思维学习	B	从不上自习	3.44	0.000
		1 ~ 5 小时	3.48	
		6 ~ 10 小时	3.68	
		11 ~ 15 小时	3.90	
		16 小时以上	4.07	
反思学习与整合学习	C	从不上自习	3.43	0.000
		1 ~ 5 小时	3.53	
		6 ~ 10 小时	3.81	
		11 ~ 15 小时	3.99	
		16 小时以上	4.29	

续表

项目	题项编号	均值		非参数检验（Mann-Whitney U 检验）Sig
学习策略	D	从不上自习	3.04	0.000
		1 ~ 5 小时	3.24	
		6 ~ 10 小时	3.57	
		11 ~ 15 小时	3.81	
		16 小时以上	3.88	
数理论证	E	从不上自习	2.58	0.000
		1 ~ 5 小时	2.92	
		6 ~ 10 小时	3.10	
		11 ~ 15 小时	3.41	
		16 小时以上	3.37	
合作学习	F	从不上自习	3.57	0.000
		1 ~ 5 小时	3.87	
		6 ~ 10 小时	4.14	
		11 ~ 15 小时	4.29	
		16 小时以上	4.18	
与同学交流	G	从不上自习	3.36	0.002
		1 ~ 5 小时	3.70	
		6 ~ 10 小时	3.93	
		11 ~ 15 小时	4.26	
		16 小时以上	3.80	
师生互动	H	从不上自习	2.63	0.000
		1 ~ 5 小时	2.99	
		6 ~ 10 小时	3.37	
		11 ~ 15 小时	3.55	
		16 小时以上	3.54	
有效教学实践	I	从不上自习	3.95	0.003
		1 ~ 5 小时	4.19	
		6 ~ 10 小时	4.51	
		11 ~ 15 小时	4.46	
		16 小时以上	4.51	

项目	题项编号	均值		非参数检验（Mann-Whitney U 检验）Sig
与校内人员的关系	J	从不上自习	2.96	0.000
		1 ～ 5 小时	3.39	
		6 ～ 10 小时	3.63	
		11 ～ 15 小时	3.81	
		16 小时以上	3.53	
校内环境支持	K	从不上自习	3.89	0.023
		1 ～ 5 小时	4.02	
		6 ～ 10 小时	4.32	
		11 ～ 15 小时	4.34	
		16 小时以上	4.26	
有效实践活动	L	从不上自习	3.34	_0.063_
		1 ～ 5 小时	3.45	
		6 ～ 10 小时	3.56	
		11 ～ 15 小时	3.77	
		16 小时以上	3.55	
学习收获	M	从不上自习	4.02	0.000
		1 ～ 5 小时	4.13	
		6 ～ 10 小时	4.39	
		11 ～ 15 小时	4.41	
		16 小时以上	4.55	
学情	XQ	从不上自习	3.39	0.000
		1 ～ 5 小时	3.62	
		6 ～ 10 小时	3.90	
		11 ～ 15 小时	4.05	
		16 小时以上	4.02	

从学生上自习的周时间来看，学生学情的总体情况差异明显 Sig=0.000<0.05。唯有有效实践活动差异不明显。通过这四组学生的比较，能够在学习上投入更多精力的学生，整体学情显著差异，唯独有效实践活动和动手能力区分度较低。说明在高校中，对春季招生同学实践能力没有显著要求，自习时间长的同学在实践能力上并没有优势。

在进行分析过程中，发现了一个有趣的现象，并不是课后学习时间越长，学习投入度就越好，无论是学情总得分还是大部分的单项得分都显示，每周课后学习时间在 11 ~ 15 个小时的学生得分最高，即每天学习 3 个小时。

4.4.6　高中经历结构分析

春季招生学生中有部分学生是在普通高中学习过一段时间，为了确保考取好一点的大学，便从不同高中转入了中职，参加了春季高考。从学生学习经历结构来看，三年中职占 45.45%，有过高中经历的占 54.55%。表 4-19 为不同高中经历的学生学习投入度的区别情况，非参数检验结果中，斜体加下划线的内容为区别不显著的项目。

高中经历结构学习投入度汇总 表 4-19

项目	题项编号	均值		非参数检验（Mann-Whitney U 检验）Sig
高阶思维学习	B	三年中职	3.56	*0.437*
		高中	3.64	
反思学习与整合学习	C	三年中职	3.62	*0.284*
		高中	3.72	
学习策略	D	三年中职	3.29	0.036
		高中	3.45	
数理论证	E	三年中职	2.88	*0.088*
		高中	3.06	
合作学习	F	三年中职	3.92	*0.972*
		高中	3.94	
与同学交流	G	三年中职	3.80	*0.252*
		高中	3.70	
师生互动	H	三年中职	3.08	*0.949*
		高中	3.11	
有效教学实践	I	三年中职	4.28	*0.766*
		高中	4.25	
与校内人员的关系	J	三年中职	3.36	*0.349*
		高中	3.46	
校内环境支持	K	三年中职	4.17	*0.192*
		高中	4.05	

续表

项目	题项编号	均值		非参数检验（Mann-Whitney U 检验）Sig
有效实践活动	L	三年中职	3.43	*0.287*
		高中	3.53	
学习收获	M	三年中职	4.14	*0.103*
		高中	4.29	
学情	XQ	三年中职	3.69	*0.939*
		高中	3.72	

从高中学习经历结构来看，虽然学生在高中的学习经历有所不同，但他们在学情方面没有显著差别，两者有差别的主要是学习策略方面。两种类型的学生，他们的高阶思维学习、反思学习与整合学习、数理论证、合作学习、与同学交流、师生互动、有效教学实践、与校内人员的关系、校内环境支持、有效实践活动、学习收获、学情基本没有明显差别，主要原因是学业挑战度低，学校考虑有过中职学习经历的学生，降低了学业挑战度。

有过高中学习经历的学生在学习策略要明显优于三年中职学习的学生，因为有高中学习的学生经历过更系统的受教育过程，他们的学习方法可能更好。

4.4.7　期望达到的教育水平结构分析

问卷调查显示，春季招生学生对未来期望达到的教育水平均值结构，本科占60.25%，硕士占28.75%，博士占11.00%，学生对教育水平的期望较夏季招生学生偏低。表4-20为不同期望达到的教育水平的学生学习投入度的区别情况，非参数检验结果中，斜体加下划线的内容为区别不显著的项目。

期望达到的教育水平结构学习投入度汇总　　　　表 4-20

项目	题项编号	均值		非参数检验（Mann-Whitney U 检验）Sig
高阶思维学习	B	本科	3.53	0.017
		硕士	3.63	
		博士	3.92	
反思学习与整合学习	C	本科	3.58	0.033
		硕士	3.76	
		博士	3.96	

续表

项目	题项编号	均值		非参数检验（Mann-Whitney U 检验）Sig
学习策略	D	本科	3.23	0.000
		硕士	3.57	
		博士	3.69	
数理论证	E	本科	2.87	0.001
		硕士	3.00	
		博士	3.53	
合作学习	F	本科	3.84	0.024
		硕士	4.01	
		博士	4.24	
与同学交流	G	本科	3.59	0.000
		硕士	3.84	
		博士	4.34	
师生互动	H	本科	2.94	0.002
		硕士	3.29	
		博士	3.46	
有效教学实践	I	本科	4.17	*0.053*
		硕士	4.45	
		博士	4.32	
与校内人员的关系	J	本科	3.31	0.012
		硕士	3.49	
		博士	3.77	
校内环境支持	K	本科	4.09	*0.075*
		硕士	4.03	
		博士	4.40	
有效实践活动	L	本科	3.36	0.000
		硕士	3.60	
		博士	3.88	
学习收获	M	本科	4.12	0.001
		硕士	4.35	
		博士	4.48	

项目	题项编号	均值		非参数检验（Mann-Whitney U 检验）Sig
学情	XQ	本科	3.61	0.001
		硕士	3.78	
		博士	4.02	

从期望达到的教育水平均值结构来看，这三种类型的学生，他们总体学情的差距也是非常明显的 Sig=0.000<0.05。从考察的 13 个分项指标来看，对期望达到的教育水平越高，学生的学习投入度情况越好，具有显著差异的是高阶思维学习、反思学习与整合学习、学习策略、数理论证、合作学习、与同学交流、师生互动、与校内人员的关系、有效实践活动、学习收获和学情，说明这部分学生对自己平时学习的要求较高；没有显著差别的是有效教学实践和校内环境支持，教师在授课过程中，并未特别关注这部分学生群体，学生感受相同。

通过这三种类型学生的比较，对自己期望值比较高的学生，他们的学情与对自己期望值较低的学生相比具有明显差别，优于后者。从学生的自我要求来看，对自己期望值较高的学生渴望在教学中获取更多的知识，对人生有更美好的规划。说明教师在进行授课的时候，要特别关注对自己有更高要求的学生，提高对他们的授课难度。

4.4.8　生源地结构分析

山东省的春季招生只是针对省内的中职院校进行的招考，但中职院校里面有部分的省外生源。从学生的生源地结构来看，山东省内占 88.58%，省外占 11.42%。表 4-21 为不同生源地的学生学习投入度的区别情况，非参数检验结果中，斜体加下划线的内容为区别不显著的项目。

生源地结构学习投入度汇总　表 4-21

项目	题项编号	均值		非参数检验（Mann-Whitney U 检验）Sig
高阶思维学习	B	山东省内	3.59	_0.303_
		省外	3.68	
反思学习与整合学习	C	山东省内	3.68	_0.986_
		省外	3.66	
学习策略	D	山东省内	3.38	_0.896_
		省外	3.32	

项目	题项编号	均值		非参数检验（Mann-Whitney U 检验）Sig
数理论证	E	山东省内	2.97	*0.561*
		省外	3.03	
合作学习	F	山东省内	3.94	*0.692*
		省外	3.89	
与同学交流	G	山东省内	3.76	*0.201*
		省外	3.60	
师生互动	H	山东省内	3.10	*0.905*
		省外	3.09	
有效教学实践	I	山东省内	4.28	*0.223*
		省外	4.10	
与校内人员的关系	J	山东省内	3.41	*0.633*
		省外	3.43	
校内环境支持	K	山东省内	4.13	*0.236*
		省外	3.96	
有效实践活动	L	山东省内	3.47	*0.078*
		省外	3.64	
学习收获	M	山东省内	4.22	*0.886*
		省外	4.22	
学情	XQ	山东省内	3.71	*0.512*
		省外	3.65	

春季招生学生不同生源地，无论是单项指标还是综合指标都没有显著差别。省外的生源也是在省内读的中职，所以无论是高中还是中职的学习都没有较大差别，大学的学习情况也没有区别。

4.4.9　家庭居住地结构分析

春季招生学生从家庭居住地结构来看，城市占 18.82%，乡村或乡镇占 81.18%，大部分学生来自农村。表 4-22 为不同家庭居住地的学生学习投入度的区别情况，非参数检验结果中，斜体加下划线的内容为区别不显著的项目。

家庭居住地结构学习投入度汇总　　　　　　　　　表 4-22

项目	题项编号	均值		非参数检验（Mann-Whitney U 检验）Sig
高阶思维学习	B	城市	3.69	*0.298*
		乡村或乡镇	3.58	
反思学习与整合学习	C	城市	3.80	*0.249*
		乡村或乡镇	3.65	
学习策略	D	城市	3.43	*0.755*
		乡村或乡镇	3.37	
数理论证	E	城市	3.04	*0.734*
		乡村或乡镇	2.96	
合作学习	F	城市	3.92	*0.792*
		乡村或乡镇	3.94	
与同学交流	G	城市	3.74	*0.804*
		乡村或乡镇	3.74	
师生互动	H	城市	3.13	*0.945*
		乡村或乡镇	3.09	
有效教学实践	I	城市	4.36	*0.372*
		乡村或乡镇	4.24	
与校内人员的关系	J	城市	3.42	*0.709*
		乡村或乡镇	3.41	
校内环境支持	K	城市	4.15	*0.608*
		乡村或乡镇	4.10	
有效实践活动	L	城市	3.65	*0.117*
		乡村或乡镇	3.45	
学习收获	M	城市	4.33	*0.226*
		乡村或乡镇	4.20	
学情	XQ	城市	3.76	*0.671*
		乡村或乡镇	3.69	

从城乡生源区别来看，城市跟乡村的生源在春季招生中无明显差别。他们在大学和中学中接受的教育都是一样的，家庭因素对学习投入度无影响。

4.4.10　心理学调查结果分析

心理学调查以问卷调查的结果为主，以座谈、个别访谈和调查的情况为辅，力求较为全面地反映春季招生学生的学习状况。心理学的问卷设置了学习动机、学习行为、学习环境与学习效果四个方面。

1. 学习动机结果分析

学习动机指的是激发学习者进行学习、维持已引起的学习活动，并致使行为朝向一定的学习目标的一种内在过程或内部心理状态[35]。动机对学生的学习效果产生关键的作用，它能够将学生的热情和兴趣集中在学习活动中，在本研究中，主要着重学生的学习动机，包括探索兴趣、个人发展、社交关系和未来期望四个方面。

本调研针对学习动机的四个方面设置了三个问题来反映，图4-12中对于专业的选择依据个人兴趣的两组情况相当；对专业的前景、职业发展考虑的情况，春季组明显高于夏季组；对专业的选择依据他人建议的情况，夏季组要高于春季组。图4-13中两组学生对于专业的认识，高中老师对春季组的影响较大、对夏季组学生的影响较小仅占2%。大学教师对春季组的影响高于高中老师，占49%；而夏季组有47%的学生是通过从业人员的交流得到对专业的认识，学习动机从社会人际关系上看，春季组窄于夏季组。图4-14反映两组学生对未来的期望，大多数学生都比较喜欢自己的本专业，期望在自己的专业得到很好的发展；但春季组对于从事非本专业的比例明显高于夏季组，这反映出部分学生参加春季高考选择专业仅仅为了考试，而并非发自内心对专业的喜爱。无论是创业还是考研，春季组明显低于夏季组，从学习动机来看未来发展，春季组学生低于夏季组。综上所述，从学习动机上看，春季组学生在个人专业发展的方面高于夏季组，但在未来预期和社会关系方面低于夏季组，对专业的探索兴趣比例相当。

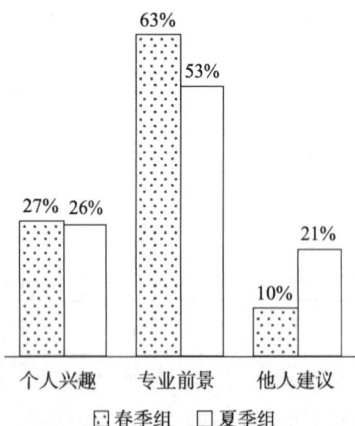

图4-12　专业选择的依据分布

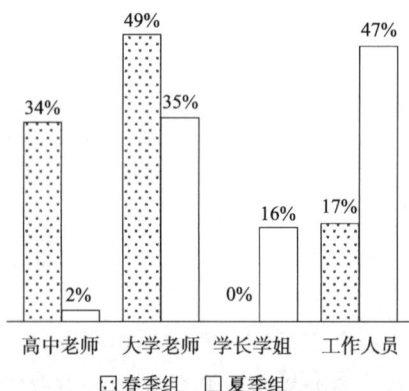

图4-13　对专业认识的来源

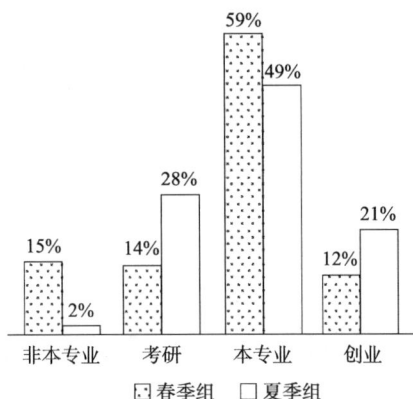

图 4-14　对未来的意愿

2. 学习行为结果分析

学习行为指的是学习者在学习动机作用下，为了获得某种学习结果而进行的活动的总和。学习行为受学习动机的影响，通过外在的行为对学习效果产生直接的影响，同时也是评价学生的学习状态的重要方面。在本研究中，学习行为分为四种形态，包括结果形态、内容形态、活动形态和形式形态。

在本研究当中，设置了九个问题反映学习行为的四种形态，结果形态研究学习者外在行为表现和内在结构认知的变化，图 4-15 和图 4-16 反映学生外在的学习表现，春季组迟到较少，春季组课后学习时间 61% 的是集中在周学习时间为 6 ~ 10 小时；通过调查，春季组的学生虽有专业课基础，但是多为感性认识，知识结构认识有偏差，入学后得到了纠正。内容形态是研究学习者与学习环境交互过程中的操作思路和模式，图 4-17 和图 4-18 中，在学生解决专业问题的途径中，春季学生和夏季学生情况相似，主要靠与同学交流；在阅读与专业相关资料的方面，春季组比例高于夏季组。活动形态是研究学习者与环境交互过程中的具体行为和一系列操作，在图 4-19 中，学生的课外活动，大多兼职是为了赚钱；在专业实习主动性方面，春季组的主动性要低于夏季组。形式形态研究学习过程中学生采用的方法和手段，图 4-20 ~ 图 4-22 中，春季组更愿意全面复习备考，夏季组记笔记更认真；通过访谈，春季组更愿意和同学沟通交流来完成课后作业，而夏季组喜欢自己去查阅资料去解决，独立能力较强。综上所述，从学习行为上看，春季组外在的学习行为更好，内在行为有些需要纠正的错误，独立学习能力较弱；内容形态和活动形态方面，春季组学生没有明显的特别之处，主动学习能力较弱，对实践能力的提升热情不高；而形式形态方面，春季组表现的优势较明显。

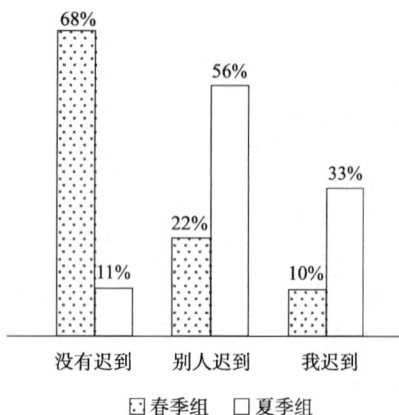

图 4-15　迟到情况分析表

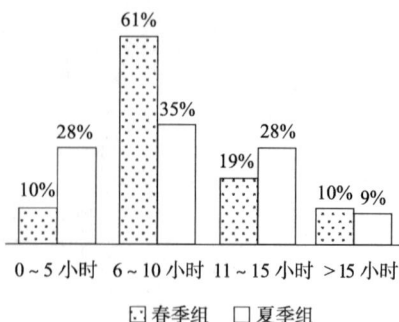

图 4-16　周课后学习时间情况表

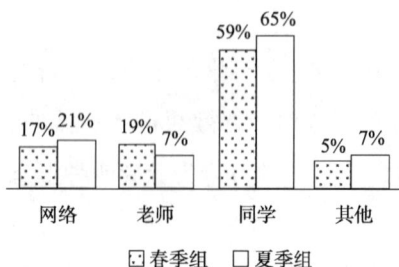

图 4-17　专业问题解决途径分析表

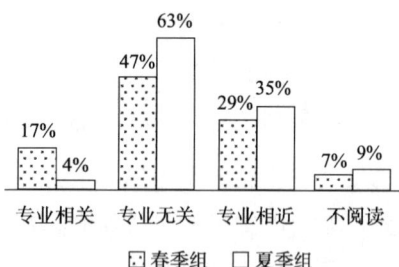

图 4-18　课后阅读内容分析表

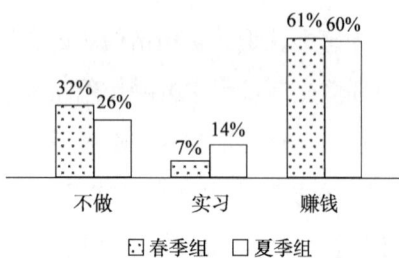

图 4-19　兼职情况分析表

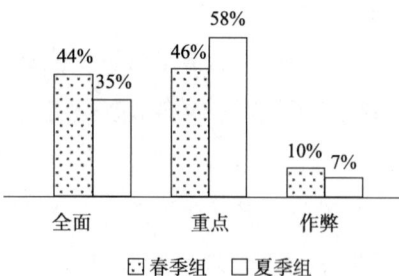

图 4-20　课后作业完成分析表

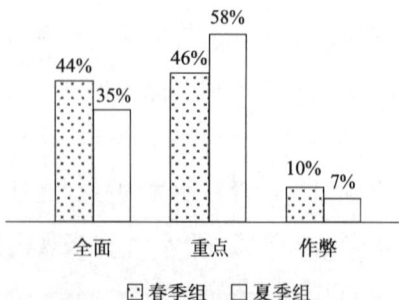

图 4-21　期末备考情况分析表

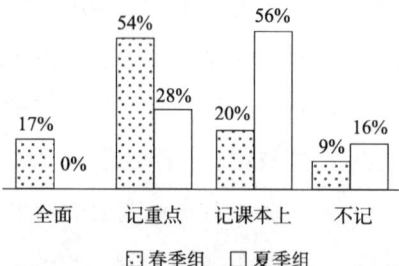

图 4-22　课堂笔记情况分析表

3.学习环境结果分析

学习环境指的是影响学习者学习的外部环境，是促进学习者主动建构知识框架和促进能力提升的外部条件。学习行为的发生与学习环境有着密切的联系，行为状态的维持更离不开学习环境的影响。在该研究中，学习环境设置为师生关系、教学内容、课堂教学气氛、实践教学和校内环境支持五个方面[36]。

学习环境的研究设置了四个问题，在师生关系图 4-23 中，春季组学生和夏季组学生一样都不好意思和老师沟通，相比较春季组更愿意选择课间的时间跟老师沟通；课堂教学气氛如图 4-24 ~ 图 4-26 所示，大多数学生认为班风一般，春季组班风、课堂教学气氛相比较夏季组要好，完成作业认真；对班级纪律的评价，春季组大多数对班级纪律非常满意；在考风考纪方面，两组情况相似。在实践教学方面，通过访谈，土木工程专业春季组学生实践类课程的学分所占比例要高于夏季组，所以在培养方案中要注重对春季组学生实践能力的培养；通过访谈了解，春季组在中职阶段大多数参加过技能大赛，实践能力起点较高，进入大学后，在仪器操作、专业软件使用等实践方面确实有较多的优势，参加大学生创新创业大赛的积极性高于夏季组。在校内环境支持方面，见表 4-8，采用了专门研究学情的 NSSE-China 的问卷题目，春季组均值高，非参检验结果 0.002<0.05 表明，校内环境支持差异显著，从入学开始，学校教学单位与部门针对春季学生的教学计划和教学资源的配置进行过专项研究，尤其是保证学生学习资源方面；从这几年的情况来看，学校对春季学生的重视度较高，投入的资源较多。综上所述，春季组师生关系融洽，符合同时代青年的交往特征，培养目标不够明确，教学大纲和考核大纲要求偏低，课堂教学气氛浓厚，学生自觉学习时间更多，但是学习效率一般，实践教学部分学生有优势，动手能力强，软件操作熟练，参加大学生创新活动较多，校内环境支持度高，学校较为重视。

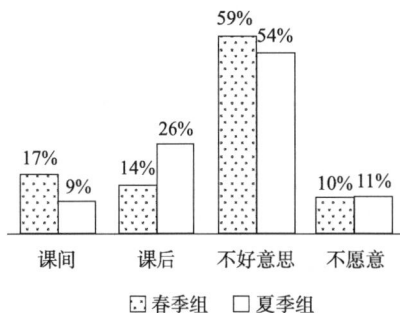

图 4-23　跟老师沟通习惯分析表

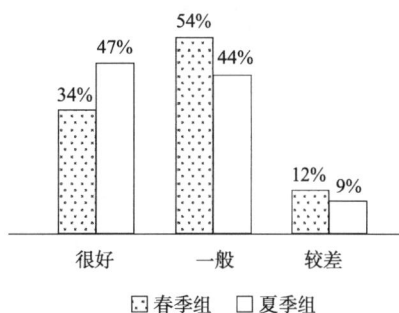

图 4-24　班级学风评价分析表

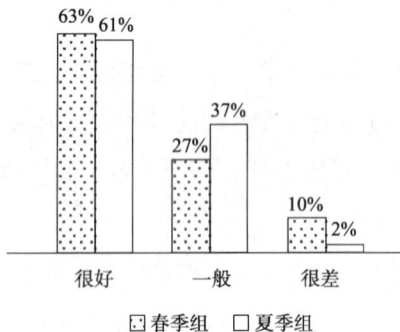

图 4-25　课堂纪律评价分析表

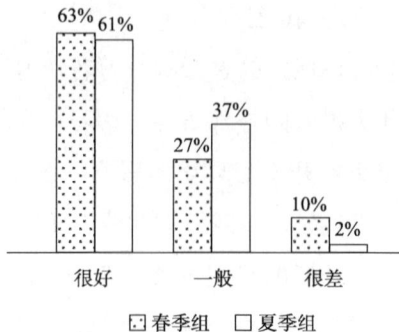

图 4-26　考试纪律评价分析表

4. 学习效果结果分析

学习效果是学生学习状况的结果评价，直接反映学习者的学习成果，一般以数据量化的形式体现，评价内容包括课堂教学和自学效果评价两个方面，评价方式主要是以终结性测试和过程性评价为主。课堂教学方面，选取了工程管理专业学生重要的专业课《建筑结构》作为学习效果分析的依据。春季组和夏季组相同专业各一个班，人数均在 40 人左右，任课教师也是同一人。终结性测试以学生期末考试的卷面成绩作为分析的依据，两组学生试卷题目和考试时间均相同，过程性评价以学生的平时成绩作为依据（表 4-23）。

《建筑工程结构（A）》工管 1501（春）和 1502 班成绩　　　　　表 4-23

《建筑工程结构（A）》工管 1501（春）成绩				
序号	姓名	班级	期末成绩（春）	平时成绩（春）
1	李某	工管 1501（春）	56	31.7
2	吕某	工管 1501（春）	35.5	31.3
3	崔某	工管 1501（春）	74	36
4	刘某	工管 1501（春）	78	35.3
5	刘某	工管 1501（春）	84	37.2
6	聂某	工管 1501（春）	67.5	35
7	吴某	工管 1501（春）	63	34.1
8	陈某	工管 1501（春）	59	34.6
9	刘某	工管 1501（春）	58.5	36.6
10	鲁某	工管 1501（春）	63.5	35.3
11	许某	工管 1501（春）	51.5	34.1
12	冯某	工管 1501（春）	71	34.1

续表

序号	姓名	班级	期末成绩（春）	平时成绩（春）
\multicolumn{5}{c}{《建筑工程结构（A）》工管 1501（春）成绩}

序号	姓名	班级	期末成绩（春）	平时成绩（春）
13	曲某	工管 1501（春）	86	37.5
14	王某	工管 1501（春）	62	33.9
15	李某	工管 1501（春）	47.5	34.1
16	白某	工管 1501（春）	71.5	37.9
17	李某	工管 1501（春）	60	34.2
18	段某	工管 1501（春）	43.5	25.9
19	吴某	工管 1501（春）	57.5	34.1
20	李某	工管 1501（春）	84	37.3
21	刘某	工管 1501（春）	40.5	31.3
22	梁某	工管 1501（春）	55	33.1
23	李某	工管 1501（春）	55	37.1
24	孙某	工管 1501（春）	62	34.9
25	杨某	工管 1501（春）	39	26.2
26	姜某	工管 1501（春）	66.5	33.8
27	赵某	工管 1501（春）	53	34.4
28	赵某	工管 1501（春）	75.5	37.1
29	张某	工管 1501（春）	63.5	35.7
30	李某	工管 1501（春）	73.5	35.2
31	冯某	工管 1501（春）	57.5	33.7
32	姜某	工管 1501（春）	83.5	37
33	宋某	工管 1501（春）	55.5	36.1
34	赵某	工管 1501（春）	62.5	36.1
35	刘某	工管 1501（春）	63	35.3
36	李某	工管 1501（春）	49	32.7
37	丁某	工管 1501（春）	81.5	34.5
38	常某	工管 1501（春）	81	37.2
39	陆某	工管 1501（春）	64	34.7
40	王某	工管 1501（春）	71.5	34.8
41	刘某	工管 1501（春）	77.5	37.4

| \multicolumn{5}{c}{《建筑工程结构（A）》工管 1502 成绩} |
序号	姓名	班级	期末成绩	平时成绩
1	李某	工管 1502	60	32.1
2	曹某	工管 1502	88.5	37.1
3	孙某	工管 1502	50.5	31.5
4	魏某	工管 1502	66.5	33.3
5	胡某	工管 1502	48.5	30.9
6	殷某	工管 1502	57.5	32.8
7	王某	工管 1502	59	32.5
8	徐某	工管 1502	50.5	32
9	赵某	工管 1502	33	29.2
10	黄某	工管 1502	50.5	32.8
11	赵某	工管 1502	88	38.6
12	秦某	工管 1502	54	31.3
13	任某	工管 1502	80	36.2
14	尹某	工管 1502	68	34.6
15	孔某	工管 1502	64	35.2
16	尚某	工管 1502	76.5	36
17	何某	工管 1502	62	33.5
18	陈某	工管 1502	65	33.6
19	陈某	工管 1502	68	34.6
20	肖某	工管 1502	60	33.8
21	刘某	工管 1502	73.5	35.4
22	刘某	工管 1502	59	35.1
23	周某	工管 1502	88	36.3
24	丁某	工管 1502	73.5	35.5
25	徐某	工管 1502	71	34.7
26	宿某	工管 1502	98	39.5
27	付某	工管 1502	68	35.4
28	王某	工管 1502	59	33.7

续表

序号	姓名	班级	期末成绩	平时成绩
29	刘某	工管 1502	70.5	35.9
30	张某	工管 1502	77	35.3
31	王某	工管 1502	63.5	37
32	王某	工管 1502	69.5	35.1
33	胡某	工管 1502	69	34.4
34	韩某	工管 1502	71.5	35.9
35	张某	工管 1502	56	35.8
36	孙某	工管 1502	76.5	30.5
37	马某	工管 1502	69	34.8
38	周某	工管 1502	63	36.1
39	王某	工管 1502	84	37.1
40	韦某	工管 1502	83	35.7
41	夏某	工管 1502	79	38.2
42	王某	工管 1502	83.5	36.1
43	许某	工管 1502	54.5	32

《建筑工程结构（A）》工管 1502 成绩

从表 4-24、表 4-25 的统计结果和独立样本检验结果来看，终结性测试的结果，春季组平均分 63.5 ＜夏季组的 67.66，过程性评价的均值几乎相等，春季组略高于夏季组，春季组的离散程度也高于夏季组，无论是终结性测试还是过程性评价统计结果进行的 T 检验，均 Sig ＞ 0.05，说明两组的差异不显著。

课堂教学效果评价统计表　　　　　　　　　　　　　表 4-24

考试类别	组别	N	均值	标准差	均值的标准误差
期末考试	春季组	41	63.50	13.02	2.03
	夏季组	43	67.66	12.96	1.98
平时成绩	春季组	41	34.60	2.58	0.40
	夏季组	43	34.58	2.23	0.34

课堂教学效果独立样本检验表　　　　　　　　　　　　表 4-25

考试类别	组别	方法方程的 Levene 检验 Sig
期末考试	假设方差相等	0.913
	假设方差不相等	
平时考试	假设方差相等	0.924
	假设方差不相等	

综上所述，从春季组的学生在课堂教学效果来看，从终结性测试来看略低于夏季组，但差异不显著，从过程性评价来看，没有差异。

通过 NSSE-China 问卷对春季招生学生进行内部结构的分析以及心理学调查结果分析，对春季招生学生进行不同分类的分析，从而更好地培养。其中不同的分类方式包括性别结构、专业结构、年级结构、班级排名结构、学习时间、高中经历结构、期望达到的教育水平结构、生源地结构与家庭背景结构。

4.5　本章小结

从结构性分析、NSSE 问卷、心理学问卷的调查结果来看，大多数的情况是春季招生学生的情况要好，并且差异是显著的。通过调研之后发现主要是以下三个方面的原因。

第一，授课老师的要求低。春季招生学生入学之初，学校对其情况了解不全面不深入，只是匆匆准备了一个暑假便迎接新生入学，教师的准备更是不够充足，只能边上课边了解。从目前调研的情况来看，教师是主观上低估了学生的能力，对春季招生学生的培养目标不够明确，授课计划制定不符合学生的基本情况。教师在对学生授课时，讲述的更详细，语句也更通俗，因此，学生在对教师评价方面，也表现出春季招生学生明显好于夏季学生。

第二，学生的专业背景对深层次理论学习有促进作用。春季招生在中职阶段都进行过至少 3 年的专业训练，所掌握的专业知识虽然简单，但铺垫过专业课入门会较快，尤其是经历过高考的高强度训练，大学的专业课学习有一定基础，因此在接受知识上可能会更快。中职阶段的教学实训占到了较大的比例，学生的动手能力和实操能力对学习能力的影响不容忽视，学生已经在现场接触过实际工作，也都自己操作过，对于理论知识的理解会更深入，学生实习和课程设计的成绩也明显比夏季学生要高。

第三，学生的期望值低，满意度高。大部分的学生在中职阶段对于能上大学几乎是不抱期望的，能够进入大学，使学生的自信心得到极大提升。进入大学后，学生也意识到自己与夏季学生在基础课上的差别，在对于推导和演算能力要求较高的课程中，对自己的期望值并不高，也不求甚解，只要能通过考试即可。对老师、学校更多的是抱着敬畏的心态，完全信任老师，老师的权威性较高，基本不会对老师提出质疑。

注释：

清华大学于 2007 年引进美国的 NSSE（全美大学生学习性投入调查，由印第安纳大学组织实施）工具，经汉化和文化适应后形成 NSSE-China 中文版调查工具，并于 2009 年在全国高校开展学习性投入调查。汉化后的 NSSE-China 调查问卷结构仍采用 NSSE 学习性投入的五维度指标（学业挑战度、主动合作学习、师生互动、教育经验丰富程度、校园环境支持度），并于 2014 年进行了修订。

第5章

春季高考学生培养建议

经过不同方面对春季高考学生的调研，针对出现的问题提出学生的培养建议，提升春季高考学生的培养质量。

5.1　培养方案

春季招考生与夏季招考生不仅仅是招生时间不同，更重要的是复杂生源的差异。需要根据春季招考生与夏季招考生群体差异性，分析春季招考生培养的解决方案和措施，制定针对春季招考生的专业培养标准、培养计划，使培养方案真正地契合学生学习和发展的实际，能够成长为应用型专门人才。

（1）明确学生的培养目标。春季招生学生对于高校教育来说，普遍认为是一种负担，培养目标没有经过认真思考和论证，对学生能够达到的职业和专业成就也没有明确的方向，重点是理论教学的深入，还是实践能力的培养，上层设计没有明确的导向，在教学过程中跟夏季学生的教学趋同化。只有培养目标制定了，才能设置实践教学和理论教学。春季学生招生规模的不确定性，也让从事教学的教师不愿意投入过多的精力。

（2）制定春季招生学生的培养方案。春季学生培养方案的制定较为匆忙，调研不够充分，无论是学生的专业基础还是实践能力，了解都不足。培养方案对春季学生要培养成什么样的人才界定模糊，与夏季学生的差异不明显，导致在授课过程中，专业教师会迷茫，不能做到分类教学，并且主动降低对春季学生的要求。对学生实践能力的提高，也没有结合原有基础提出更具有针对性深入提升的目标。本书研究9个专业的专业培养方案的内容，由于篇幅原因，在附录中只列出了3个专业的培养方案（详见附录6～附录8）。

（3）结合职业标准及大学生全面发展需求是专业培养首要考虑因素。科学合理的制定各专业人才培养标准和实现矩阵，培养目标、课程体系设计、教学内容等方面应当充分反映专业特点及面向行业对人才的要求，培养造就一批具有良好社会责任感、富有创新精神、工程实践能力强、有一定理论基础的工程技术人才。根据春季招生专业的特点和应用型人才培养目标对教学过程进行评估，在保证一定理论知识的同时，更加侧重于工程实践意识的提升。把教学和实践评估结果反馈给老师和学生，使教学和实践更加符合对春季高考学生的培养，以满足社会的需求。

（4）校企联合开发培训项目。强化主动服务理念，积极适应企业需求，注重了解企业生产经营状况、面临的主要技术问题、人才需求类型和结构等问题，规划设计校企在科研、人才培养和社会服务等方面的合作模式，实现以人才培养为核心的生产、教学、科研全方位合作，实现校企双赢。培训计划分为两个阶段：校内学习和企业学习。校内学习主要包括基础课程、专业基础课程和基础实验课程的教学。在学习阶段，企业主要完成核心专业课程教学、见习、实习和毕业设计等重要的实践教学环节，并参与项目设计和研发等[37]。

（5）优化课程体系，制定相应的课程标准。根据春季招生学生理论基础薄弱、动手实践能力强的特点，核心是加强工程实践能力、工程设计能力和工程创新能力，优化教学内容，重构课程体系。根据普通课程标准，为每个专业制定补充标准。

（6）突出实践能力的培养。探索"工学结合、校企互动"的实践教学运行机制，对实验、实训、课程设计、毕业设计等实践教学环节进行整体优化设计，形成理论教学互补、结构功能优化的实践教学体系。与企业深入合作，为企业实践阶段制定详细的任务目标，加强监督，确保企业实践阶段的有效性。

5.1.1　土木工程专业课程考虑

1. 土木工程专业通识教育课程考虑

通过对春季班和普通班在通识教育课程上的对比分析发现，在总学分的要求上存在一定差距，春季班一共需修 46.5 学分，普通班需修 54.5 学分，普通班比春季班多修 8 个学分。其中，春季班与普通班在马克思主义基本原理、计算机应用基础、文献检索等基础性通识教育必修课上基本没有区别，在大学英语类课程上，普通班较春季班要求较高，春季班需要修满 8 学分，普通班修满 14 学分，且春季班只在第一学年开设大学英语课程，要求达到英语三级的水平即可；普通班在前两年均开设大学英语课程，且将大学英语课程分为读写和听说两部分，要求达到英语四级水平。在通识教育选修核心课程的对比分析中，普通班是以模块的形式选修课程，分为文学与艺术模块、哲学与历史模块、经济与社会模块（管理学）、创新与创业模块、科学与技术模块 5 大模块，学分要求为每模块 2 学分及以上，共需选 14 学分；春季班主要分为管理学、中国传统文化、大学生创业基础等方面课程，学分要求为 10 学分。从通识教育课程总体上来看，普通班授课以模块的方式呈现，包含的内容更加丰富广博，春季班是以课程的形式，相对模块内容要少一些；普通班类别要比春季班更加丰富，在学分要求上春季班比普通班要求更高，这体现出在通识教育课程的培养要求上普通班比春季班更加注重理论和创新能力等多方面的培养，春季班则更倾向于对创业实践类能力的培养，这也体现出春季班应用型人才的培养目标。

2. 学科基础课程考虑

分析学科基础课的设置情况，春季班有 5 门，共计 22 学分；普通班有 8 门，共计 27.5 学分。通过课程对比发现，春季班与普通班都开设了高等数学课程，但课程内容相差较大：春季班高等数学课程偏向于对高中课程的查漏补缺，而普通班高等数学课程则侧重于较为艰深的理论知识，以备学生深造发展之用。除高等数学课程外，春季班与普通班在课程设置上存在较大差异：春季班建筑制图 4 学分，高于普通班 0.5 个学分；春季班将线性代数和概率论与数理统计合并，计 4 学分，少于普通班共计 1.5 个学分；春季班大学物理仅设置一学期课程，计 4 学分，并且不开设大学物理实验课，少于普通班 4.5 个学分。就学科基础课的课时与课程设置而言，春季班更加侧重对应用实践技能的培养，而普通班则对理论知识的学习有更深、更广的要求。

3. 学科专业课考虑

对课程设置进行分析，春季班学科专业课共 68 学分，普通班学科专业课共 63 学分，春季班多出的 5 个学分，分散于理论性较弱、较为基础的课程中，用以加强巩固专业基础知识。春季班学生中职教育阶段曾学习过结构力学、理论力学和土木工程 CAD 等课程，但仍存在着理论深度较浅、专业技能生疏等问题。为解决该问题，对上述课程进行了学分调整：将结构力学由 5 学分降至 4 学分，土木工程 CAD 由 1.5 学分升为 2 学分，理论力学保持 4 学分不变，对专业理论进行纠错、巩固，加强对数理逻辑能力的训练，着力培养春季班学生的应用实践技能。相较普通班，春季班增加钢结构设计原理、项目管理与法规、房屋建筑学、道路工程概预算等相对简单的课程学分，而减少建筑钢结构设计、道路勘测设计、路基路面工程、桥涵水文、桥梁工程等较为复杂的课程学分。普通班设置路桥、房建两个学科方向并开设如弹性力学与有限元基础、桥梁检测与加固等较为艰深的方向选修课，由于春季班学生理论知识水平较低，较为艰深的方向选修课难度过大，春季班学科专业课并未对学科方向进行设置。总之，对于春季班的培养更加注重基础理论和基本应用技能的熟练掌握，对较为复杂、艰深的深层理论知识不宜作过高要求。

4. 实践类课程考虑

实践环节课时普通班共 43 周，春季班共 52 周，春季班实践课时明显多于普通班。

春季班与普通班相同的是均有入学教育及军训、思想政治理论课实践教学、工程地质实习、土木工程认识实习、土木工程施工课程设计、土木工程毕业设计与实习这些通识与基础课的实践，且课时相同。不同的是在土木工程生产实习普通班课时为 4 周，春季班为 8 周，春季班是普通班的两倍；基础工程课程设计、房屋建筑学课程设计、桥梁工程课程设计、道路勘测设计课程设计、路基路面课程设计、道路工程概预算课程设计等课程中普通班课时为 1 周，春季班为 2 周，也是普通班的两倍，这些课程设计在土木专业中属于专业方向的基础课程；另外春季班较普通班多出 1 周的混凝土结构基本原理课程设计、2 周的建筑钢结构课程设计和混凝土与砌体结构课程设计等应用较多的课程；普通班较春季班多出 2 周的课外研学、4 周的综合实践训练和专业专项训练、1 周的钢筋混凝土肋梁楼盖设计、单层工业厂房设计、建筑钢结构课程设计、建筑工程造价课程设计以及挡土墙课程设计等专业性较强、难度较大的课程。春季班学生的培养目标在于培养应用型人才，注重学生的应用技能的培养。通过春季班和普通班实践课程总课时、实践课程具体科目上的对比分析，结合春季班学生与普通班学生的对比有一定的专业技能、理论知识基础薄弱的特点，增加了春季班学生 9 周的实践课程课时，降低了实践课程难度，对于专业性、理论性、创新性要求较高的课程，多针对普通班学生开设。春季班课程设计的任务相较于普通班要更广，涉及更多的实践内容，以达到加强春季班学生动手实践能力的目的。

立足春季招考生知识结构、学习状况，依据土木行业岗位需求，以现代工程师综合素质和能力提升为改革目标，参考《高等学校土木工程本科指导性专业规范》的分类方法、专业评估及专业认证的要求，明确土木工程专业春季招考生培养目标和能力要求。解决大学前技能培训与大学阶段技能培训的衔接关系，制定了与夏季招考生不同的培养方案，重构以能力培养为核心的课程体系，如图 5-1 所示，更新教学内容，优化包括学时、内容在内的课程大纲。

5.1.2 工程管理专业课程考虑

1. 工程管理专业通识教育课程考虑

工程管理专业普通班和春季班在通识教育课程的安排上与土木工程专业基本一致，不同之处是通识教育选修核心课程中工程管理专业春季班根据专业需要去掉了管理类课程，增设土木工程概论课程。

2. 学科基础课程考虑

通过对工程管理专业春季班和普通班学科基础课的对比，发现在课程门数的设置上相同，同为 7 门课程。总学分设置上，春季班为 25.5 学分，普通班为 22.5 学分。

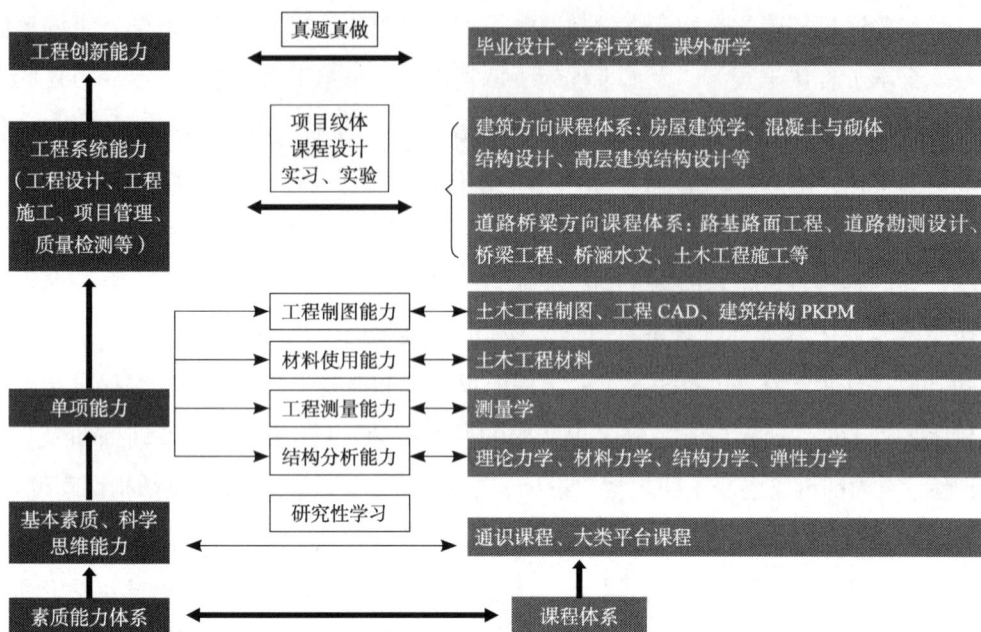

图 5-1　土木工程（春季）课程体系构建

在课程设置上有所不同，春季班的线形代数和概率论统计合为一门课程，比普通班多一门大学物理。学分相同的课程，高等数学春季班和普通班同为 10 学分，学科导论同为 0.5 学分。学分不同的课程是线形代数、概率论与数理统计、大学物理、建筑工程制图、建筑测量。其中春季班线形代数和概率论与数理统计合计共 4 学分，普通班合计 5.5 学分，大学物理春季班 4 学分，普通班未开设。建筑工程制图春季班 4 学分，比普通班多 0.5 学分。建筑测量春季班 3.5 学分，比普通班多 0.5 学分。在教学内容上，春季班的高等数学和大学物理、线性代数和概率论统计、大学物理课程以够用为目的，主要以补高中课程为主。而春季班的建筑工程制图和建筑测量的每门课的学分均比普通班多 0.5 学分。春季班理论基础比较差，大学的基础课有很大一部分内容是为了补齐高中数理基础知识，并且对春季班实践课程较重视。

3. 专业课课程考虑

通过对工程管理专业春季班和普通班专业课程对比，发现在课程门数设置上春季班 21 门，比普通班少 3 门；在学分设置上春季班为 67 学分，比普通班少 2 学分。学分相同的课程包括建筑 CAD、土木工程材料、建筑工程结构、土力学与基础、工程造价管理等，主要考虑到有些课程学生在中职阶段学过，并且有些课程文字表述较多，对数理能力要求较低。学分不同的课程包括房屋建筑学、建筑施工、工程经济与项目评价、建筑设备等课程，这些课程春季班的学分相比较普通班要多 0.5 ~ 1.5 个学分，主要是考虑到这些课程对数理推理能力要求较高，所以增加学时。春季班未开设的课程包括管理学原理、微观经济学、工程管理专业英语，主要考虑到这些课程偏理论，应用型较弱，对春季班的英语水平要求也不高。应用型较强的专业课包括建筑工程计量与计价、安装工程计量与计价、建筑工程质量控制与验收等，其中建筑工程计量与计价和安装工程计量与计价在学分设置上比普通班多 0.5 ~ 1.5 学分。开设的专业课，考虑到春季学生的基本情况，主要是以应用为主，对理论知识、数理推导能力要求要弱一些，重点是提高学生的实践能力。

　　4. 实践类课程考虑

　　工程管理实践环节课时，普通班共 39 周，春季班共 52 周，与土木工程专业类似，工程管理专业春季班实践环节课时明显多于普通班。春季班与普通班相同的是均有入学教育及军训、工程测量实习、工程认识实习、房屋建筑学课程设计、建筑工程结构课程设计、工程经济与项目评价课程设计、工程招投标与合同管理课程设计、工程项目管理课程设计、工程管理专业毕业实习与毕业设计、毕业鉴定、思想政治理论实践教学这些通识与基础课的实践，且课时相同。不同的是普通班进行建筑制图课程设计，春季班进行土木工程制图课程设计，但课时是相同的。施工组织课程设计和安装工程计价课程设计普通班课时为 1 周，春季班为 2 周，建筑工程计价课程设计普通班课时为 2 周，春季班为 4 周，春季班课时均为普通班的两倍，这些课程设计在工程管理专业中属于专业方向的基础课程，春季班课时的增加是为了让学生能有更多的时间对课程设计任务进行多方面的了解，加强多个方面的实践能力；另外，春季班较普通班多出 6 周的工程生产实习、4 周的工程管理综合实训、1 周的建筑工程识图实训等综合类较强的课程设计，春季班在实践环节能够更好地提升专业能力；普通班较春季班多出 2 周的建筑工程计价方法综合实训这一专业性较强、难度较大的课程。从课程整体类别来看，春季班与普通班课程种类差别不大，但是在实践性较强的课程设计中，春季班的课时多是普通班课时的两倍，这体现出春季班注重对学生应用技能和动手实践能力的培养。通过春季班和普通班实践课程总课时的对比分析可以看出，春季班实践环节比普通班多 13 周，突出了春季班应用型人才培养的目标，也有利于强化春季班专业技能的动手实践能力。

5.2　教学方法

　　（1）加强教学方法手段改革。改革目前填鸭式的教育方法，提倡基于问题的学习方式，激发学生学习的主动性。教学方面注重发挥学生实践能力的优势，通过 NSSE

的调研发现，实践能力在学生学习专业课知识中的作用非常大，但是学校对学生的实操能力重视程度不够，由此实践能力会有所下降，甚至丧失。在设计实践教学环节时，可以充分考虑学生已经具有的实践能力，再结合大学培养的要求来进行，让学生在中职阶段的实操能力基础上有所长进。

（2）教学研究方面。学校教务处在教学改革方面可以设立春季招生学生的专项教研项目，对春季招生的教改项目作出倾斜，鼓励专业课老师进行春季招生教学改革的尝试，也激发了教师对于春季招生实验课、学生管理、实践课程的改革等诸多方面的思考，在今后的教学工作中会进行逐步研究。编写配套教材，结合春季招生专业学生知识结构特点，编写与之相适应的教材或讲义。

5.3 学生管理

5.3.1 培养方案

（1）对学生进行专业测试。由于专业课教师对春季学生专业水平的了解不够具体，所以教学计划基本上是在夏季招生学生基础上进行修改。为了学生更好地培养，在入学之初，根据专业课的要求，各教师可以对学生的课程基础做好水平测试，然后来确定授课内容和实践课程的教学。春季招生学生在高中具备了一定的专业基础，但是由于招生学生来自不同的学校，专业水平也有所不同。因此需进行专业水平测试，并进行分类教学。诊断性评价是教学性评价、准备性评价，而并非学习效果评价。这种评价发生在教学活动发生之前，对学生的专业知识、技能情况进行预测。通过这种预测可以了解学生的知识基础和准备状况，以判断他们是否具备当前教学目标所要求的条件，达到因材施教的目的，并对学生的专业知识的错误认知进行纠正。

（2）适当提高学生的学业挑战度。通过调研发现，学生中 60% 的有高中学习经历，数学与自然科学的知识储备虽然与夏季学生有差距，但并不是"有"与"无"的差距，而是知识能否进行灵活运用。在制定的教学计划中，大部分的基础课是补足学生高中欠缺的知识，实则只是对知识的重复讲授，也造成了大学阶段的数学和物理知识缺失，达不到大学生应有的学业挑战度。专业课的教学，教师也不能很好地因材施教，只是复制夏季学生的方式。

（3）提高学生主动学习的能力。主动学习和自学能力是学生大学阶段需要具备和重点培养的能力，给学生灌输终身学习的理念。土建类学科的专业知识容量大，技术性强，规范解读的能力要求高，涉及的职业岗位也多，仅靠大学四年的时间很难将所有的知识穷尽。鉴于对学习效果研究得出的结论，学生自学能力差异显著，并且分布离散,教师和学校要多引导学生的课外活动,充分利用课外学习时间,多阅读专业书籍,多思考专业问题。

（4）学生具有学习态度认真、积极性高、有一定专业知识基础、动手操作能力强等优点,引导学生多注重知识理论和系统的学习。学生多渠道获取知识,知识不仅仅在课本和课堂上,更多是在图书馆和实践中。多鼓励同班同学之间的学习交流,与同级的夏季招生学生的交流,学会共享知识,实现学习上的互赢。

5.3.2　教学情况调研

1. 学生课程成绩调研

通过对土木工程和工程管理专业学生的实际教学情况调查,我们发现在高等数学、线性代数、概率论与数理统计、大学英语、大学物理等基础知识方面有下述情况。

春季学生因在高中重点学习专业知识、技能操作知识而基础知识不扎实,大学期间又主要为他们复习高中基础知识以及学习较为简单的大学基础知识,虽然基础知识为大学必修课,但是对他们要求不严格,所要达到的标准较低,例如大学英语,只要达到不影响后续专业课的学习即可。夏季学生则因在高中重点学习基础知识,所以基础相对比较扎实,大学基础知识难度较大,有些知识接近于考研难度,甚至就是考研题目,且对他们要求较为严格,所要达到的标准较高,例如大学英语,学习时间相较于春季考生多出两三个学期。虽然教学成果显示,春季学生和夏季学生成绩相当,但因上述原因,在基础知识方面的教学成绩,春季学生和夏季学生是没有可比性的。

对于软件操作类课程的跟踪调查发现,春考班在入学之前就有系统的学习过,春考班的学生对于操作类的软件有一定的基础,甚至春考班中保送到学校的很大原因是软件的实操能力强,而在学校的上课过程中,老师对于春考班的学生要求较严格,老师希望春考班的学生能够熟练地掌握操作类软件,提高对软件基础的熟练程度,增加了课时,例如《土木工程 CAD》,春考班要比普通班多 12 个课时,这些因素同时无形中也加大了学生对自我的要求,与普通班相比较而言,就有较大的优势,所以从考试的结果而看,春考班的学生比普通班的学生更为突出,但是同样是操作类的课程,普通班要明显好于春考班,例如《建筑制图》,虽然春考班比普通班多 8 个课时,但是因为《建筑制图》要求三维空间立体几何的想象能力要高,通过普通高考的普通班学生在高中时期有过系统学习,所以比春考班的学生能力明显要强,从考试的结果来看普通班明显强于春考班（表 5-1）。

春季班和普通班软件操作类课程成绩分布表 表 5-1

课程序号	课程名称	学分	开课学期	90 分以上		60 ~ 69 分		60 分以下		平均分	
				春	普	春	普	春	普	春	普
1	建筑结构 PKPM	1.5	6	17.5%	5%	12.5%	32.5%	22.5%	7.5%	74.13	69.52
2	土木工程 CAD（春考 2 学分）	1.2	2	5%	14%	22.5%	16.3%	2.5%	4.7%	74.13	72.58
3	建筑制图（春考 4 学分）	3.5	1	2.5%	25%	12.5%	2.5%	7.5%	0	75.79	82.2

春季班的学生数理基础以及逻辑推理能力较差，在和普通班的学生同时学习专业性比较强的理论课程时，会比普通班的学生接受能力低，在最后的期末考试中成绩也会比普通班的学生低。比如土木工程班级在学习《土力学》《测量学》《混凝土与砌体结构设计》《理论力学》等一些需要一定的逻辑推理能力的理论课程时，在最后的期末考试结果中可以看出，春季班的课程平均成绩要比普通班低，春季班的不及格率也要比普通班高一些。尽管春季班在学习这些课程的过程中，学习的内容比普通班更加简单，更加偏向基础，但从最终的考试结果可以看出来，春季班学生的基础较普通班更薄弱一些，在逻辑推理以及理论知识的学习等方面的能力也比普通班的学生更薄弱，他们学习这类课程要比普通班更加吃力一些（表 5-2）。

春季班和普通班数理基础理论课程成绩分布表 表 5-2

课程序号	课程名称	学分	开课学期	90 分以上		60-69 分		60 分以下		平均分	
				春	普	春	普	春	普	春	普
1	理论力学	4	2	2.5%	14.6%	22.5%	18.5%	27.5%	17.1%	66.54	70.74
2	测量学	3.5	4	0	0	32.5%	20%	15%	5%	64.92	72.15
3	土力学	2.5	5	2.44%	0	36.59%	25.9%	31.21%	5.13%	59.96	69.67
4	混凝土与砌体结构设计	3.5	6	7.5%	30%	22.5%	2.5%	7.5%	0	75.5	87.1

春季班学生和普通班学生在同时学习理论性的课程时，春季班的学生和普通班的学生的考试成绩差异并不大。比如学习《工程地质》《土木工程材料》《建筑设备》《工程招投标与合同管理》《工程项目管理》《工程造价管理》等课程，这些课程的重点在于理论，不需要学生的逻辑推理，而是在于对知识的理解，所以在学习这些课程时，春季班和普通班的学生都能够很好地掌握并理解知识，如果春季班遇到难理解的问题时，老师也能够重点讲解，加强学生理解与掌握。所以在最后的期末成绩中，春季班

与普通班的平均成绩并无明显差别，不及格率也差异不大（表5-3）。

春季班和普通班理论课程成绩分布表　　　　　　　　　表5-3

课程序号	课程名称	学分	开课学期	90分以上		60～69分		60分以下		平均分	
				春	普	春	普	春	普	春	普
1	工程地质	2	3	0	0	2.5	30.8%	15%	7.7%	69.54	69.52
2	土木工程材料	3.5	3	2.5%	5%	15%	15%	0	5%	76.6	78.2
3	建筑设备	2	5	5%	9.3%	30%	18.6%	0	7%	70.45	70.45
4	工程经济和项目评价	3	5	12.2%	20.9%	12.2%	7%	0	0	78	82.85
5	工程招投标与合同管理	3	5	0	9.3%	12.2%	18.6%	9.8%	0	74.64	79.06
6	工程项目管理	3.5	6	4.9%	6.8%	9.8%	4.5%	0	0	80.38	82.15

2. 学生绩点及未毕业情况

在对 14 级工程管理与土木工程的绩点统计中，工程管理 1401 班的平均绩点为 77.3586，工程管理 1402 班（春）的平均绩点为 77.2848，土木工程夏季高考班的平均绩点为 77.2462，土木工程春季高考班的平均绩点为 77.2848。其中，工程管理专业学生全部获得毕业证书与学位证书；土木工程夏季高考班的未毕业学生的占比（既没有毕业证也没有学位证）为 9.14%，土木工程春季高考班未毕业学生的占比为 12.5%。具体数据见表 5-4。由此看来，在工程管理专业与土木工程专业中，春季招生班的学生的学分绩点要比普通班的学生高一点，在土木工程专业中，春季招生班的学生的未毕业学生的占比要比普通班的学生高出 3.36%。

学生绩点及未毕业情况　　　　　　　　　表5-4

	工程管理		土木工程	
	夏季班	春季班	夏季班	春季班
平均绩点	77.3586	77.2848	77.2462	77.2848
未毕业学生比例	0%	0%	9.14%	12.5%

5.4　师资队伍建设

建立专任教师与非专任教师相结合的高水平教师队伍，出台相应配套政策逐步完善提升教师工程能力素养机制，强化工程背景，采取"请进来，走出去"的办法逐步建立一支拥有一定工程经历的教师队伍。在选聘担任春季招生学生的专业课教师时，要求具有企业锻炼的经历。

（1）专职教师"双师型"教师培养。国家教委于1998年制定的《面向21世纪深化职业教育教学改革的意见》首次提出"双师型"教师的概念。建设具有教师资格和专业技术能力的"双师型"教师队伍，提高教师从事专业技术工作的能力，也是培养学生熟练的职业技能和适应职业变化能力的重要条件[39]。对于春季高考学生来说，需配备90%以上具有"双师型"资格的老师，对于土木工程专业，这些老师需要拥有一级建造师、二级建造师、造价工程师、结构工程师、监理师、房地产估价师等执业资格。因此，对教师素质的各个方面都提出了更高的要求。他们不仅应该具有一定的专业理论知识和较高的文化水平，而且应该具有与文化教师相似的较强的教学能力和素质。但也像工程师和技术人员一样，他们应该拥有熟练的专业实践技能，以及指导学生创业的能力和素质。

定项目挂职培养"双师型"教师。依据服务于地方企业的理念，选择顶岗实习基地在本市的工程建设项目，作为培养"双师型"教师的载体，能达到良好的综合效果。通过选拔相关专业的教师到工程建设中挂职培养，融入大型建设工程的设计、施工与项目管理工作的氛围之中，通过采用新设备、新材料和新的工艺与技术，处理项目建设过程中的技术与管理问题，有效提升教师的职业素质。

选派教师定期访问工程师。针对不同类型的土建类顶岗实习基地单位，定期选派相关专业的教师，尤其是青年教师，到生产一线做访问工程师，每期3～6个月（可以考虑充分利用寒暑假期），结合具体建设工程项目实施专业服务，帮助实习基地单位处理工程中的难题，并且指导顶岗实习生，教学相长。访问期末，提交专业服务成果和指导顶岗实习生的相关记录。同时，"双师型"教师的培养过程应始终体现着立德树人、为人师表的教师观，因材施教、以学生为本的职业观，双师素质、专业发展的能力观和终身学习、与时俱进的学习观。

（2）引进校外人才，提高师资力量。切实实施"引进来"的战略，聘请在行业企业中具有影响力的专家、一线技术人员和能工巧匠等，提升学生专业理论和实践操作技能。

首先通过假期开展集训、理论讲座和专业学术沙龙等活动，集中对本专业感兴趣的同学进行针对性专业理论培训。同时在学期中定期邀请前沿的专业理论研究学者或行业领军人才，对学生进行主题讲座，通过传递专业理论最新的动态，反馈专业理论在实践运用中的情况，以扩宽学生的视野。

最后，以学校为载体，建立名校、名师帮扶机制，利用校外优秀人才资源提高校内教师专业素质，通过给校外工程师构建名校名师工作室，根据实际情况每一个工作室分配适量的帮扶对象，发挥"传帮带"作用，加强学校教学同企业生产的衔接。以企业生产作为教师教学方法、教学评价等众多方面提升的参照，推动教师教学能力的提升符合行业发展的实际需要。

（3）学校将外聘来的兼职教师与校内的专职教师组成教学小组。校内的专职教师主要负责为学生讲解课本上的专业课知识，聘请的外聘兼职教师主要负责配合校内教师讲解完成后，专业课的实际工程中的讲解，比如施工课程中各种细部做法、计量课程中的详细算法等，做到不让学生的知识只存在于书本上，不只做纸上谈兵的大学生。

企业的兼职教师通过一系列的教学活动，与学校的专职教师进行互动，提高专职教师的实践能力，在为学生讲解专业课知识的时候也能使学生更好地去理解专业课的内容；而有了专职教师的专业课的理论支撑，使学生对兼职教师的实践做法也能去更好地吸收。

在讲解课本中的理论知识时，教学小组上课应当分工明确，专职教师为主讲教师，兼职教师则为助理教师；而在进行实践课程的讲解时，双方角色互换，兼职教师为主讲教师，专职教师为助理教师。二者相辅相成，两种教师的目标都是为了让学生更好地去理解知识，不让学生在老师讲解的时候脑子中产生空白的感觉，为以后学生的工作也提供了方便，不至于在工作时只有理论知识没有实践的知识，在学生找工作的时候也会将这种优势很好地体现出来。

（4）配备"双师型"教师担任班级导师。为春季学生的班级配备班级导师，不仅可以指导学生理论知识的学习，而且能够使学生的实践能力得到提高，满足当今社会人才培养的需求，培养出既具备充分理论知识又有熟练专业技能的全面人才。

一位具有丰富实践经验的"双师型"教师担任班级导师，在教学方面，可以培养构建学生的知识体系，纠正春季学生在中职阶段专业知识方面的缺漏。在就业方面，班主任可以指导学生做好职业生涯规划，回答学生的职业生涯发展问题，指导学生参加职业生涯规划竞赛。积极开展学生就业指导，引导学生了解就业市场，帮助学生正确定位和调整心态，为就业做好准备。积极联系和动员专业教师利用自己的优势和资源向雇主推荐应届毕业生；丰富学生的创新和创业知识，对学生创新创业的项目进行帮扶，提升学生就业创业能力，辅导学生参加创新创业大赛。

（5）教师教学基本技能提升。教师在给春季招生学生授课时需要更多思考学生的特点，对学生的专业水平作出正确和客观的评价，能够对授课计划、课程大纲、考核大纲等教学资料及时作出调整和修改。在授课方式方面，教师需要采用更加浅显和口语化的方式，理论知识的传授不能放松，这正是学生的弱项，同时也要保持好学生动手能力的强项，重点对学生理论误区的地方进行修正。在考核方式方面，也要加重理论考核的重点，才能引导学生对理论学习的兴趣。

为春季学生配备"双师型"教师，不仅可以补充春季学生在理论知识方面的认识错误和欠缺，而且还能提升学生的实践能力、帮助学生做好职业生涯规划，培养出理论知识和实践能力兼顾的应用型人才。

5.5 职业生涯规划

5.5.1 毕业生去向调查

土木专业普通班的考研率为 24.7%，就业率为 71.5%；春考班的考研率为 2.5%，就业率为 87.5%（表 5-5）。普通班有去事业单位、施工企业、建设单位、设计院、咨询单位的。而春季班所去单位一般为施工单位，对于建设单位和设计院以及咨询单位则没人去。由于春季学生和夏季学生的基本情况和培养目标的差异，所以存在这样的差异也在预期当中。

土木工程毕业生去向 表 5-5

	普通班	春考班
考研率	24.7%	2.5%
就业率	71.5%	87.5%

5.5.2 职业规划

（1）学校指导春季招生学生做好职业生涯规划是义不容辞的责任。帮助学生认识自己的兴趣、爱好、特长、能力，进行分析并找到适合个人的职业规划，结合时代发展，通过个人的职业倾向，在对个人职业生涯的主客观条件进行测定、分析、总结的基础上，确定最佳的个人目标，并做出努力为之奋斗终生。在做职业规划选择职业的时候，应当结合自身的素质与目标职位相匹配。

（2）在进行职业生涯规划之前，首先要充分地了解自己，清楚自己的特长和不足，以找到适合自己发展的岗位。每个人都有长处和短处。分析、定位是职业生涯规划的首要环节，它决定着个人职业生涯的方向，也决定着职业生涯规划的成败。可以通过可靠测评表测量评估，评估职业倾向、能力倾向和职业价值观，这些都是大学生职业生涯规划课所学到的。职业规划就是根据评估的数据、指标，个人的基本情况，比如学历、经历、能力，让学生更好地了解自己。并且发挥自己的优势，避免劣势，可以更好地在职场上打拼。

（3）通过规划谋求更好的职业发展，制定出今后各个阶段的发展平台，并且拿出攻占各个平台的计划和措施，然后对切入点所在的市场状况、行业前景、职位要求、入行条件、培训考证、工作业务、薪酬提升、行业英语等进行详细的了解，如：要上什么平台、需要多长时间、补充哪些知识、增加哪些人脉等，而自己则沿着主干道去充电，几年后成为业内的精英，从而使自己的薪水和职位得到升华[39]。

（4）春季学生中，28% 的学生希望能考研，11% 的学生能读到博士，比例明显低于夏季招生的学生。学生对于进入更高层次的学习是有期待的，国家目前的工程硕士与工程博士，对于春季招生学生是非常好的一个深造的方向，帮助学生做好职业规划。

好的职业生涯规划可以帮助学生找到适合自己的工作，找工作最重要的就是要人岗匹配，适合自己。为春季学生做好职业生涯规划，使每一个学生都发挥自己的最大价值，确定个人目标并为之奋斗，是高校对春季学生培养不可缺少的一部分。所以在求职之前做好职业生涯规划十分重要。

5.6　本章小结

高校对春季学生的培养不同于夏季学生。根据春季学生的特点制定不同的培养方案。首先明确春季学生的培养目标，制定春季招生学生的培养方案，培养方案结合职业发展，充分考虑了春季学生理论知识薄弱、实践能力强的特点。通过对比土木工程专业和工程管理专业春季班和普通班的基础课、专业课、实践课学分和课时的情况，突出了培养目标的不同。为了更好分类培养，本章还对土木工程和工程管理专业学生的成绩情况进行了调查分析。针对不同的学生安排不同的教师团队，不仅能够加强春季班学生的理论知识，还能帮助学生做好职业生涯规划。

附录 1

2015 年上海普通高校春季考试招生试点方案

1.1　指导思想

依据国家有关法规以及《教育部关于〈上海市人民政府关于我市加快教育改革和发展所需配套政策的函〉的复函》（教发函〔1999〕148 号）、《教育部关于进一步深化普通高等学校招生考试制度改革的意见》（教学〔1999〕3 号）、《国务院关于深化考试招生制度改革的实施意见》（国发〔2014〕35 号）、上海市人民政府关于印发《上海市深化高等学校考试招生综合改革实施方案》（沪府发〔2014〕57 号）精神，春季考试招生试点本着有利于鼓励高校走特色发展之路；有利于推进基础教育全面实施素质教育，贯彻"为了每一个学生的终身发展"的理念，增加学生选择的机会，努力拓宽适应学生全面而有个性发展需要的成才之路和有利于高中学业水平考试改革的深化及其效能的进一步发挥，进一步提升上海教育现代化水平，满足人民群众教育需要的原则，探索建立以考试招生制度改革为突破口，形成促进学生健康成长和终身发展的育人制度体系。

1.2　试点院校和招生计划

2015 年度共有 22 所试点院校参加春季考试招生。

1.3　春季考试报名和志愿填报

1.3.1　报名条件

报名参加 2015 年春季高考的考生需符合下列条件：

（1）遵守中华人民共和国宪法和法律。

（2）身体健康。

（3）本市户籍在沪报考对象：具有上海市常住户籍的高中阶段学校历届毕业生、

普通高中应届毕业生或具有同等学力者（含具有本市常住户籍的非本市高中阶段学校历届毕业生）。

（4）符合下列条件之一的非本市户籍人员可在沪报考：

1）考生为积分达到标准分值的《上海市居住证》持证人的同住子女，且须为本市高中阶段学校毕业的历届生或本市普通高中应届毕业生。

2）考生为《上海市海外人才居住证》留学人员持证人的子女，且须为本市高中阶段学校毕业的历届生或本市普通高中应届毕业生。

3）考生父母双方或一方现属上海市常住户籍，考生本人持《上海市居住证》且须是 2014 年已列入本市高考报名库的历届毕业生或参加本市中考并具有本市普通高中完整学习经历的应届生。

4）考生父母双方或一方原属上海市常住户籍（含上海支内、支边、支疆职工或知青），且考生须是 2014 年已列入本市高考报名库的历届毕业生或参加本市中考并具有本市普通高中完整学习经历的应届生。

5）考生父母双方或一方是经市政府合作交流办认定的驻沪机构工作人员，且考生须是 2014 年列入本市高考报名库的历届毕业生或参加本市中考并具有本市普通高中完整学习经历的应届生。

6）考生为在沪定居并持有本市公安机关签发的《中华人民共和国外国人永久居留证》的外国侨民，且须为高中阶段学校历届毕业生或普通高中应届毕业生。

7）考生父母双方或一方是在沪博士后科研流动站（工作站）在站人员，且考生为高中阶段学校历届毕业生或普通高中应届毕业生。

8）考生父母为上海引进海外高层次人才（即国家和上海市的"千人计划"），且须为高中阶段学校历届毕业生或普通高中应届毕业生。

9）原持有上海市蓝印户口的本市普通高中应届毕业生，由各区县教育局（高招办）汇总名单后送本区公安分局或县公安局进行比对审核，经区县教育局审核后方可报名。

（5）符合下列条件之一，经相关部门锁定名单的非本市户籍人员可在沪报考：

1）考生父母双方或一方是经市政府合作交流办认定各地来沪投资企业工作人员，且考生须是 2014 年列入本市高考报名库的历届毕业生或参加本市中考并具有本市普通高中完整学习经历的应届生。

2）考生为梅山、大屯、鲁矿三地上海后方基地单位职工子女，且须是参加本市中考后升入高中阶段学校的历届毕业生或参加本市中考后升入普通高中的应届毕业生。

（6）《上海市居住证》持证人或其同住子女在春季考试期间即 2015 年 1 月 25 日和 26 日，持证人的《上海市居住证》必须在有效期内。

（7）18～24周岁男性公民须查验兵役证（符合报名条件的外国侨民除外）。

1.3.2 下列人员不属于报考对象

（1）具有高等学历教育资格的高等学校在校生。

（2）高中阶段学校的在校生（含应届三校毕业生，不含应届普通高中毕业生）。

（3）在高中阶段非应届毕业年份以弄虚作假手段报名并违规参加普通高等学校招生全国统一考试的应届毕业生。

（4）因违反国家教育考试规定，被给予暂停参加高校招生考试处理且在停考期内的考生。

（5）因触犯刑法已被有关部门采取强制措施或正在服刑者。

1.3.3 报名时间和地点

2015年春季高考报名采取网上报名和现场确认的方式。

网上报名时间：2014年12月7日13：00～12月9日13：00（网址：http://www.shmeea.com.cn/node2/index.html 或 http://www.shmeea.edu.cn/node2/index.html）。

现场确认时间和地点：2014年12月15日～12月16日8：30～11：00，13：30～16：00。考生在网上报名后须带好相关材料办理信息确认手续，其中本市应届高中毕业生到学籍学校办理，本市户籍的高中阶段历届毕业生和同等学力考生前往户籍所在地（在职职工在工作单位所在地）的区县高校招生办公室办理信息确认手续，符合报名条件的非本市户籍高中阶段历届毕业生考生前往暂住地的区县高校招生办公室办理信息确认手续。

1.3.4 志愿填报

考生须在春考网上报名的同时填报志愿，每名考生可填报2所院校志愿，每校可填报3个专业志愿。

1.4 考试与录取办法

1.4.1 考试科目及计分办法

2015年春季高考科目确定为"统一文化考试＋院校自主测试"。统一文化考试采用与高中学业水平考试接轨的方式，考试科目为语文、数学、外语三门科目，其中，语文、数学两科目试卷以"高中学业水平考试＋附加试题"两部分内容构成：前一部分依据高中学业水平考试的要求命题,分值为 120 分;后一部分根据高考选拔要求命题,分值为 30 分,总分 150 分。外语直接使用高中学业水平试卷,分值 100 分。外语试卷分设英、俄、日 3 个语种,由报考学生任选 1 种。外语设听力考试,听力考试成绩计入总分。统一考试成绩总分为 400 分。统一考试时间:语文 160 分钟,数学 130 分钟,外语 90 分钟。统一文化考试均在标准化考场进行。

院校自主测试内容由招生院校根据学校及专业特点自行确定,测试科目一般为面试或技能测试,面试或技能测试科目为 1 门,主要考查考生学科特长基础。注重考查学生的素质和能力,注重为考生减轻备考负担。院校自主测试分值为 200 分。

1.4.2 考试时间

2015 年 1 月 25 ~ 26 日举行全市统一文化考试。院校自主测试在 2015 年 2 月 14 ~ 15 日进行。

1.4.3 考试成绩查询与资格线的公布时间及方式

2015 年 2 月 10 日 20:00,考生可登录"上海招考热线"(www.shmeea.com.cn 或 www.shmeea.edu.cn)查询统一文化考试成绩。上海市教育考试院于当日公布本科录取最低资格线。2 月 11 日,各试点院校公布本校自主测试资格线、测试的时间、地点。

考生如对统一文化考试成绩有疑问可于 2015 年 2 月 12 日 9:00 ~ 16:00 在"上海招考热线"申请成绩复核,2 月 13 日 12:00 可再次登录该网站查看复核结果。

1.4.4 录取

(1)考生统一考试成绩总分必须达到本市划定的本科录取最低资格线和高校公布的自主测试资格线以上且其对高中学业水平考试成绩达到高校公布的要求,方可参加高校组织的院校自主测试。

(2)各招生院校应明确春季招生考试工作责任人。根据学校事先公布并经市教委予以备案的录取办法,按照统一考试成绩和院校自主测试成绩,并参考学生综合素质评价择优录取。

(3)各招生院校要精心组织、周密安排自主测试,测试规则随招生章程报市教委备案。发放自主测试通知的比例为:公办院校不超过公布计划数的 2 倍,民办院校不超过公布计划数的 3 倍。

(4)各招生高校须公示预录取考生和候补录取资格考生的名单,候补录取资格考生公示数的比例最大不超过各校公布计划数的 50%,具体由各校自行确定。已公示的预录取考生须在规定时间内到预录取的其中一所高校进行录取确认。预录取考生和列入候补名单并最终被预录取的考生，无论是否与高校进行录取确认，一律不得参加当年秋季高考。录取工作于 2015 年 3 月 7 日前完成。

（5）录取考生凭招生院校录取通知书和统一印制的提档通知单，于 2015 年 8 月下旬，前往相关区县高招办或高中阶段学校等档案所在地提取纸质档案，并按招生院校的规定递送。

1.5　加分政策及分值

凡符合春季高考报名条件的烈士子女考生，经审核可在原始分上加 20 分，少数民族、归侨青年及子女、华侨子女、台湾省籍青年考生，经审核可在原始分上加 5 分，但上述加分分值不累加。

1.6　收费标准

试点院校的报名、考试费收费标准按上海市物价局、上海市财政局《关于上海市教育考试院有关考试收费等问题的复函》（沪价费〔2006〕005 号）以及上海市物价局《关于普通高校、中等教育等招生报名、考试收费标准的复函》（沪价行〔2000〕第 117 号）规定的收费标准执行。

如被录取考生已缴纳 2015 年 6 月国家统一高考考试费用的，考生在报到注册后，由录取高校负责退费，具体办法由市教育考试院制定。

1.7　招生章程

（1）各试点院校应依据《中华人民共和国教育法》《中华人民共和国高等教育法》《中华人民共和国民办教育促进法》和教育部有关规定制定本校 2015 年春季招生章程。

（2）市属普通高等学校须于 2014 年 10 月 31 日前认真填写《2015 年上海市普通高等学校招生章程核准备案表（正副表）》上报市教委。市教委将于 2014 年 11 月 11 日前完成各试点院校春季招生章程的审核、备案工作。

（3）各试点院校春季招生章程经市教委核准备案后应及时向社会公布，不得擅自更改。学校法定代表人应对学校春季招生章程及有关宣传材料的真实性负责。市教委将对高校招生章程的执行情况进行督查。

1.8　监督与管理

　　各级监察部门要按照《教育部关于印发〈教育部关于实行高等学校招生工作责任制及责任追究暂行办法〉的通知》(教监〔2005〕4号)、《普通高等学校招生违规行为处理暂行办法》(中华人民共和国教育部令第 36 号)和《中共上海市教育卫生工作委员会 上海市教育委员会关于印发上海市普通高等学校招生监察工作实施办法（试行）的通知》(沪教委办〔2013〕80号)精神，对 2015 年春季高考进行全过程监督并严肃查处各种违规行为。各招生院校在春季高考改革工作中，必须精心组织，严格管理，规范操作，不断完善招生工作制度，确保春季招生考试改革公平、公正、公开地进行。

1.9　其他要求

　　(1)上海市教育考试院依据本文件制订相关实施办法。

　　(2)2015 年高中阶段应届毕业生政治思想品德考核由毕业学校负责；2014 年毕业的高中生，以原毕业学校品德评语为主；2014 年以前的毕业生，由考生所在街道、乡、镇或单位主管部门，对考生的政治思想品德作出组织鉴定。

　　(3)考生体检工作由招生院校组织。

　　希望各院校认真做好 2015 年上海市普通高校春季招生考试改革工作，合理确定招生计划，提高教学质量，加强内涵建设，不断推进高校考试招生工作。

附录2

山东省春季高考"知识+技能"考试工作实施方案（试行）

为深入贯彻党的十八大精神，进一步实施《山东省中长期教育改革和发展规划纲要（2011—2020年）》，认真落实《山东省人民政府关于加快建设适应经济社会发展的现代职业教育体系的意见》（鲁政发〔2012〕49号）和山东省招生委员会《关于印发山东省普通高校考试招生制度改革实施意见的通知》（鲁招委〔2012〕2号）中提出的各项要求，切实做好春季高考"知识+技能"考试工作，经研究，现制定实施方案如下：

（1）实施原则

1）坚持有利于高校科学选拔人才，有利于推进普通高中教育和中等职业教育协调发展，有利于推动职业教育教学改革，有利于落实高校招生自主权。

2）坚持统筹兼顾，充分考虑普通高中教育、中等职业教育和高等职业教育的相互衔接，兼顾各类考生利益和需求。

3）严格考试标准，坚持公平公正。知识考试要兼顾不同类型考生，专业技能考试重点考核考生的动手能力。要科学制定考试大纲和考核标准，完备试题命制，规范考试组织，确保考试工作公平公正。

（2）考试科目和分值

1）考试科目

"知识"部分考试语文、数学、英语和专业知识（按专业类别）4科，"技能"部分考核考生的专业基本技能。

2）科目分值

语文120分，数学120分，英语80分，专业知识200分，专业技能230分，总分750分。

（3）考试的组织

1）"知识"部分考试

"知识"部分由省统一命制试题，统一组织考试，统一评卷和统分。考试时间为每年 5 月的第二个周六、周日。

2）"技能"部分考试

专业技能考试由具备相应专业优势和考试组织能力的高等职业院校或本科院校作为主考院校。由学校提出申请，通过专家评估提出意见，经省教育厅审核确定。考试组织工作由各主考院校按照省教育招生考试院统一制定的专业技能考试工作考务细则负责实施。主考院校每年要制定《春季高考专业技能考试实施方案》，报省教育招生考试院审定后，具体负责专业技能考试的组织、评分和成绩上报工作。考试时间原则上安排在每年的 3 月 10 日～3 月 31 日期间进行，由主考院校确定具体时间提前向社会公布。专业技能考试成绩在考生报考我省招生院校的相应专业时通用。

（4）专业类别的划分

根据我省经济和社会发展对人才的需求情况以及职业教育发展的现状，春季高考暂在农林果蔬、畜牧养殖、资源环境、土建水利、信息技术、电力电子、机电交通、制造维修、化工医药、纺织服装、医学护理、财会金融、商品贸易、餐饮加工、旅游服务、文秘服务、教育文化这 17 个专业类别安排招生。该 17 个专业类别未涵盖专业的学生，可通过参加高职院校单独招生考试或夏季高考达到升学深造的目的。今后，专业类别的划分将根据我省经济和社会发展对人才需求的状况以及职业教育发展的情况逐步适当调整。

专业知识和专业技能的考试按照以上 17 个专业类别进行；其中，专业技能考试将在以上 17 个专业类别基础上，进一步研究确定具体的技能考试专业类目，并于 2013 年 5 月底前向社会公布。

考生在春季高考报名时，要选定参加专业知识和专业技能考试的专业类别及专业类目代码。

（5）考试大纲的制订和命题工作

根据高等院校选拔人才的需要和我省中等职业学校各专业教学指导方案，省教育招生考试院组织或委托相关机构组织专家统一制订语文、数学、英语和各专业类别的专业知识和专业技能考试大纲（或考试说明、考核标准），在此基础上，组织高职院校和中职学校的专家命制语文、数学、英语和各专业类别的专业知识考试试题，组建各类别的专业技能考试题库，并制定相应的评分标准。

（6）考试经费

"知识＋技能"考试经费通过向考生收取解决。其中"知识"部分由各级招生考试机构按照省物价局、财政厅核定的春季高考的现行收费标准收取；"技能"部分由主考院校和省教育招生考试院按照省物价局、财政厅核定的收费标准收取。

（7）春季高考的招生计划安排、报名与体检、志愿填报、投档录取等相关工作按照当年的春季高考工作意见组织实施。

（8）本实施方案自 2014 年春季高考开始执行。

附录3

山东省深化高等学校考试招生综合改革试点方案

为深入学习贯彻习近平新时代中国特色社会主义思想和党的十九大精神，根据《国务院关于深化考试招生制度改革的实施意见》（国发〔2014〕35号）和《山东省深化考试招生制度改革实施方案》等文件要求，现就我省深化高等学校考试招生综合改革工作制定如下方案。

3.1 总体目标

全面贯彻党的教育方针，坚持立德树人，遵循人才培养和选拔规律，按照有利于促进学生健康成长、有利于高校科学选拔人才、有利于教育教学改革、有利于维护社会公平的原则，2017年启动高等学校考试招生综合改革试点，2020年整体实施，形成分类考试、综合评价、多元录取的高校考试招生模式，健全促进公平、科学选才、监督有力的高校考试招生体制机制。

3.2 主要任务

（1）完善普通高中学业水平考试制度，坚持基础性，突出选择性，促进学生个性发展。

1）考试科目。自2017年秋季高中入学新生起，普通高中学业水平考试分为合格考试和等级考试。合格考试成绩是学生毕业、高中同等学力认定的主要依据；等级考试成绩纳入夏季高考（统一高考，下同）招生录取。

合格考试覆盖国家课程方案规定的所有学习科目，包括语文、数学、外语、思想政治、历史、地理、物理、化学、生物、信息技术、通用技术、音乐、美术、体育与健康等科目。

等级考试科目包括思想政治、历史、地理、物理、化学、生物6个科目。条件成熟时，可纳入技术（信息技术、通用技术）等科目。学生可根据自身兴趣、志向、优势和高等学校招生要求，在上述科目中自主选择 3 个科目参加等级考试。学生所选等级考试科目的学业水平合格考试成绩必须达到合格，不合格者不得作为等级考试科目。

2）考试内容。考试内容以各学科国家课程标准（含学业质量要求）为依据。合格考试范围为各学科课程标准确定的必修内容，等级考试范围为各学科课程标准确定的必修和选择性必修内容。

3）考试组织。合格考试和等级考试实行全省统一命题、统一考试、统一组织阅卷、统一公布成绩。音乐、美术、体育与健康科目的合格考试，以及通用技术科目合格考试的学校考试部分，采用"过程性学习成果＋专项测试"的方式确定成绩，全省制定统一方案，各市组织实施。

4）考试对象。普通高中在校学生均应参加合格考试，其中参加夏季高考的学生应参加等级考试；参加夏季高考的高中阶段其他学校在校学生和社会人员只需参加等级考试。

5）考试时间。合格考试每学年组织 2 次，分别安排在每学年上、下学期末。每个普通高中学生在校期间有多次考试机会，学生应依据课程安排自主选择考试时间，但不得早于高一下学期末。学生在校期间如有未达到合格要求的合格考试科目，允许其在离校两年内继续参加合格考试。

等级考试每年组织 1 次，时间安排在 6 月份夏季高考后进行。普通高中学生在校期间只能参加 1 次选考科目的等级考试。其他高中阶段在校学生和社会人员参加等级考试，与普通高中在校学生同时进行。等级考试成绩当年有效。

6）成绩呈现。合格考试科目成绩分为"合格"和"不合格"，等级考试科目成绩按照等级呈现，依据转换规则转换后计入高校招生录取总成绩。

（2）建立并规范高中阶段学生综合素质评价制度，强化评价信息使用，促进学生全面发展。

1）完善评价内容。综合素质评价旨在客观反映学生德智体美全面发展情况，内容包括思想品德、学业水平、身心健康、艺术素养、社会实践等。其中，思想品德主要考查学生在爱党爱国、理想信念、诚实守信、仁爱友善、责任义务、遵纪守法等方面的表现；学业水平主要考查学生基础知识、基本技能掌握情况以及运用知识解决问题的能力等，包括学分修习状况和学业考试成绩；身心健康主要考察学生的健康生活方式、体育锻炼习惯、身体机能、运动技能和心理素质等；艺术素养主要考查学生对艺术的审美感受、理解、鉴赏和表现等能力；社会实践主要考查学生在社会生活中动手操作、体验经历等情况。

2）严格评价程序。综合素质评价客观记录能够体现学生综合素质水平的具体活动，收集相关典型事实材料，由学生在教师指导下自我整理，遴选能够反映其综合素质水平的重要活动记录、典型事实材料以及标志性成果等相关材料，并由学生向学校提出入档申请。学校对学生提报入档的材料进行审核，通过多种渠道全面公示，接受监督。经审核、公示无异议的材料记入学生综合素质档案，纳入综合素质评价省级管理平台统一管理，形成学生的综合素质档案。学生的综合素质档案公示确认后不得更改。

3）强化评价结果运用。高校根据自身办学特色、人才培养以及学校招生章程要求，制定科学规范的综合素质评价使用办法，并提前向社会公布。招生录取时，高校组织教师等专业人员，采取集体评议等方式对综合素质档案进行分析，对考生综合素质作出客观评价，评价结果作为招生录取学生的重要参考。

（3）深化夏季高考改革，增加考试的选择性，提高人才选拔水平。

夏季高考以普通本科招生为主。

1）统一考试招生

考试科目。自2020年起，夏季高考统一考试科目为语文、数学、外语（含英语、俄语、日语、法语、德语、西班牙语）3个科目，不分文理科，外语考试分两次进行。

考试内容。依据高校人才选拔要求，科学设计命题内容，增强综合性，着重考查学生独立思考和运用所学知识分析问题、解决问题的能力。改进评分方式，加强评卷管理，完善成绩报告。

考试安排。语文、数学考试于每年6月份按照国家统一高考时间进行。外语科目考试分听力和笔试两次进行，其中听力部分有2次考试机会，安排在高三上学期末进行，取最高原始分计入高考成绩；笔试部分有1次考试机会，安排在6月份国家统一高考期间进行，取原始分计入高考成绩。考生的外语高考成绩由听力部分和笔试部分考试成绩相加组成。条件成熟时，增加口语测试并采用机考方式进行，外语科目考试适当增加听说部分成绩的比重。

成绩构成。考生的高校招生录取总成绩由3门统一高考科目成绩和自主选择的3门普通高中学业水平等级考试科目成绩组成，总分为750分。其中，统一高考科目语文、数学、外语的卷面满分分值均为150分，总分450分；考生自主选择的3门普通高中学业水平等级考试科目每科卷面满分分值均为100分，转换为等级分按满分100分计入，等级考试科目总分300分。

等级考试科目的等级计分规则。将每门等级考试科目考生的原始成绩从高到低划分为A、B+、B、C+、C、D+、D、E共8个等级。参照正态分布原则，确定各等级人数所占比例分别为3%、7%、16%、24%、24%、16%、7%、3%。等级考试科目成绩计入考生总成绩时，将A～E等级内的考生原始成绩，依照等比例转换法则，分别转换到 91 ~ 100、81 ~ 90、71 ~ 80、61 ~ 70、51 ~ 60、41 ~ 50、31 ~ 40、21 ~ 30 八个分数区间，得到考生的等级成绩。

科目报考要求。在山东招生的高校根据自身办学定位和专业培养目标，从思想政治、历史、地理、物理、化学、生物 6 个科目中，提出在山东招生的分专业（类）等级考试科目要求。高校应按照有利于人才培养和专业建设的原则，提出等级考试科目报考要求，并提前 2 年向社会公布。

招生录取。夏季高考按"专业（类）＋学校"方式实行平行志愿投档，增加志愿填报数量，最大限度满足考生志愿需求。招生院校依据语文、数学、外语和考生自主选考的 3 科普通高中学业水平等级考试科目总成绩，参考学生综合素质评价择优录取。

2）自主招生

考核安排。高校自主招生旨在选拔具有学科特长和创新潜质的优秀学生。申请考生须向相关高校报名，按规定参加夏季高考，达到相应要求，并接受报考学校的考核。学校考核安排在统一高考后、夏季高考成绩公布前进行。

报考要求。试点高校结合本校办学特点、专业特色和培养要求，合理确定考核内容和形式，重点考查学生的学科特长和创新潜质。高校要制定自主招生简章，规范并公开考核程序、招生办法和录取结果，探索完善科学、有效、简便的考核招生方式。高校自主招生对高考成绩的最低要求，按教育部有关规定执行。

招生录取。自主招生录取工作安排在本科普通批次前进行。试点高校根据本校自主招生简章，由学校招生工作领导小组集体研究确定考生的入选资格、专业及优惠分值。对学科特长或创新潜质、综合素质特别突出的个别优秀考生，经向社会公示后，可由试点高校提出破格录取申请，经山东省招生考试委员会核准后录取。

3）综合评价招生

招生院校。在部分中央部属和办学水平较高的省属本科高校开展综合评价招生改革，探索高校多元录取招生模式，促进高校科学选拔人才。

报考要求。招生高校制定并公开招生办法，明确报考条件，规定考核内容，严格考核程序，确定成绩比例，规范组织录取。考生自主向相关高校提出申请，接受报考学校考核，按规定参加夏季高考并达到规定要求。

招生录取。综合评价招生的考生成绩由夏季高考语文、数学、外语科目考试成绩，高中学业水平等级考试成绩，高校考核成绩（含笔试、面试等）和学生综合素质评价成绩等组成，其中夏季高考语文、数学、外语科目考试成绩和高中学业水平等级考试成绩占比原则上不低于 50%。招生高校要根据办学定位和专业要求，做好学校考核和学生综合素质评价成绩的评定工作。

工作要求。考生所在中学应依据学生综合素质评价省级管理平台的记录和在校表现情况，按照高校要求如实提供能够反映学生表现和发展的写实性材料及其他材料。招生高校要制定并公开招生办法，严格报名申请和考核程序，规范组织录取，做到所有信息公开公示，接受社会监督。

（4）深化春季高考改革，推行分类考试招生，促进现代职业教育体系建设。

春季高考以高职（专科）招生为主。

1）统一考试招生

专业类目。春季高考统一考试招生实行"文化素质＋专业技能"考试模式。按照有利于技术技能型人才培养和选拔的原则，科学调整春季高考统一考试招生专业类目。

成绩构成。春季高考统一考试总分为 750 分。"文化素质"考试包括语文、数学、英语 3 个科目，其中语文 120 分、数学 120 分、英语 80 分，文化素质总分 320 分。"专业技能"考试包括专业知识和技能测试两部分，总分 430 分，其中专业知识满分为 200 分，技能测试满分为 230 分。技能测试成绩根据专业类目性质，可使用分数表达或等级表达，如果使用等级表达，可分为 A、B、C、D、E 五个等级，分别计 230 分、190 分、150 分、110 分、70 分。

笔试考试。"文化素质"考试科目语文、数学、英语和"专业技能"考试的专业知识部分考试采用笔试，安排在每年 5 月份进行，实行全省统一命题、统一组织考试、统一阅卷、统一公布成绩。

技能测试。从 2020 年起，"专业技能"考试的技能测试部分，按照招生专业类目由山东省行业（专业）指导委员会的牵头院校负责组织实施。技能测试可根据需要采用笔试、实际操作，或笔试与实际操作相结合的方式进行，强化测试内容的技术性、综合性和随机性。技能测试时间安排在上一年度 7 ~ 12 月份进行，考生最多可参加 2 次测试，取最好成绩计入。

招生录取。春季高考统一考试招生按专业类目实行平行志愿，考生根据报考的专业类目选择相应专业和学校。招生院校依据考生成绩，参考学生综合素质评价择优录取。

2）单独考试招生

实施范围。自 2020 年起，春季高考单独考试招生面向中等职业学校学生开展，实施范围为省内具备中职学生继续培养条件、技术技能含量高的高职（专科）院校和本科高校的专科专业。

考试录取。考生需参加招生院校组织的入学考试，入学考试包括文化素质和专业技能两部分，可由招生院校单独组织，也可由相同或相近类型招生院校联合组织。招生院校依据考生入学考试成绩，参考学生综合素质评价择优录取。

3）综合评价招生

实施范围。自 2020 年起，面向普通高中学生开展综合评价招生，实施范围为学校定位明确、招生管理规范、行业特色鲜明且社会急需的省内高职（专科）院校和本科高校的专科专业。

测试录取。考生需参加招生院校组织的职业适应性测试。招生院校依据考生的普通高中学业水平合格考试成绩和职业适应性测试结果，参考学生综合素质评价择优录取。

3.3 保障措施

（1）加强组织领导，强化责任落实。深化高考综合改革是科学选拔人才、提高教育质量、服务经济社会发展的重要举措，各级党委、政府要高度重视，加强统筹协调，积极稳妥实施。各级教育行政部门要加强对考试招生工作的领导，强化组织保障和机构建设，扎实推进各项改革任务落实。各级招生考试机构要完善组织管理，落实管理责任，提高管理水平，确保考试公正。各高等学校要创新招生管理模式，规范招生管理工作，提高人才选拔质量。各高中阶段学校要切实把学生培养工作落细落实，端正办学思想，加强教学管理，配齐配强师资，开足开好课程，做好学业考试和综合素质评价等各项工作，确保改革顺利实施。

（2）加强制度建设，完善保障措施。认真制定和完善综合改革各项配套制度，统筹规划、系统设计、精心组织实施。要强化考试招生的组织管理，完善考试安全保障制度建设，构建科学、规范、严密的考试安全体系。加大投入，改善高中阶段学校办学条件，完善教师绩效考核机制。加强诚信制度建设，健全个人、学校考试招生诚信档案，严厉查处考试招生的诚信失范行为。全面实行校长签发录取通知书制度，由校长对录取结果负责。

（3）加强信息公开，强化社会监督。各有关部门和各级各类学校要深入实施高校招生阳光工程，以教育部招生信息"十公开"和"三十个不准"作为基本要求，确保考试招生组织实施的公平公正、公开透明。建立招生违规行为责任追究制度，严肃查处考试招生中的违规行为，及时公布处理结果。加强督导和监督管理，强化社会监督，完善多渠道监督体系。

（4）加大宣传力度，形成良好氛围。强化政策解读，加大对深化高考综合改革的重要意义、政策措施、程序规则的宣传力度，让学生和社会充分知晓相关政策内容，把握改革的主动权，积极营造高校考试招生综合改革的良好社会环境和舆论氛围。

附录 4

2017 年夏季高考理科数学考试范围及要求

本部分包括必考内容和选考内容两部分。必考内容为《课程标准》的必修内容和选修系列 2 的内容；选考内容为《课程标准》的选修系列 4 的"坐标系与参数方程""不等式选讲"这 2 个专题。

4.1 必考内容

4.1.1 集合

1. 集合的含义与表示

（1）了解集合的含义、元素与集合的属于关系。

（2）能用自然语言、图形语言、集合语言（列举法或描述法）描述不同的具体问题。

2. 集合间的基本关系

（1）理解集合之间包含与相等的含义，能识别给定集合的子集。

（2）在具体情境中，了解全集与空集的含义。

3. 集合的基本运算

（1）理解两个集合的并集与交集的含义，会求两个简单集合的并集与交集。

（2）理解在给定集合中一个子集的补集的含义，会求给定子集的补集。

（3）能使用韦恩（Venn）图表达集合的关系及运算。

4.1.2 函数概念与基本初等函数 I（指数函数、对数函数、幂函数）

1. 函数

（1）了解构成函数的要素，会求一些简单函数的定义域和值域；了解映射的概念。

（2）在实际情境中，会根据不同的需要选择恰当的方法（如图像法、列表法、解析法）表示函数。

（3）了解简单的分段函数，并能简单应用。

（4）理解函数的单调性、最大值、最小值及其几何意义；结合具体函数，了解函数奇偶性的含义。

（5）会运用函数图像理解和研究函数的性质。

2.指数函数

（1）了解指数函数模型的实际背景。

（2）理解有理指数幂的含义，了解实数指数幂的意义，掌握幂的运算。

（3）理解指数函数的概念，理解指数函数的单调性，掌握指数函数图像通过的特殊点。

（4）知道指数函数是一类重要的函数模型。

3.对数函数

（1）理解对数的概念及其运算性质，知道用换底公式能将一般对数转化成自然对数或常用对数；了解对数在简化运算中的作用。

（2）理解对数函数的概念，理解对数函数的单调性，掌握对数函数图像通过的特殊点。

（3）知道对数函数是一类重要的函数模型。

（4）了解指数函数 $y=a^x$ 与对数函数 $y=\log_a x$ 互为反函数（$a>0$ 且 $a \neq 1$）。

4.幂函数

（1）了解幂函数的概念。

（2）结合函数 $y=x$，$y=x^2$，$y=x^3$，$y=\dfrac{1}{x}$，$y=x^{\frac{1}{2}}$ 的图像，了解它们的变化情况。

5.函数与方程

（1）结合二次函数的图像，了解函数的零点与方程根的联系，判断一元二次方程根的存在性及根的个数。

（2）根据具体函数的图像，能够用二分法求相应方程的近似解。

6.函数模型及其应用

（1）了解指数函数、对数函数以及幂函数的增长特征，知道直线上升、指数增长、对数增长等不同函数类型增长的含义。

（2）了解函数模型（如指数函数、对数函数、幂函数、分段函数等在社会生活中普遍使用的函数模型）的广泛应用。

4.1.3　立体几何初步

（1）空间几何体

1）认识柱、锥、台、球及其简单组合体的结构特征，并能运用这些特征描述现实生活中简单物体的结构。

2）能画出简单空间图形（长方体、球、圆柱、圆锥、棱柱等的简易组合）的三视图，能识别上述三视图所表示的立体模型，会用斜二侧法画出它们的直观图。

3）会用平行投影与中心投影两种方法画出简单空间图形的三视图与直观图，了解空间图形的不同表示形式。

4）会画某些建筑物的视图与直观图（在不影响图形特征的基础上，尺寸、线条等不作严格要求）。

5）了解球、棱柱、棱锥、台的表面积和体积的计算公式。

（2）点、直线、平面之间的位置关系

1）理解空间直线、平面位置关系的定义，并了解如下可以作为推理依据的公理和定理。

公理 1：如果一条直线上的两点在一个平面内，那么这条直线上所有的点都在此平面内。

公理 2：过不在同一条直线上的三点，有且只有一个平面。

公理 3：如果两个不重合的平面有一个公共点，那么它们有且只有一条过该点的公共直线。

公理 4：平行于同一条直线的两条直线互相平行。

定理：空间中如果一个角的两边与另一个角的两边分别平行，那么这两个角相等或互补。

2）以立体几何的上述定义、公理和定理为出发点，认识和理解空间中线面平行、垂直的有关性质与判定定理。

理解以下判定定理：

如果平面外一条直线与此平面内的一条直线平行，那么该直线与此平面平行。

如果一个平面内的两条相交直线与另一个平面都平行，那么这两个平面平行。

如果一条直线与一个平面内的两条相交直线都垂直，那么该直线与此平面垂直。

如果一个平面经过另一个平面的垂线，那么这两个平面互相垂直。

理解以下性质定理，并能够证明：

如果一条直线与一个平面平行，那么经过该直线的任一个平面与此平面的交线和该直线平行。

如果两个平行平面同时和第三个平面相交，那么它们的交线相互平行。

垂直于同一个平面的两条直线平行。

如果两个平面垂直，那么一个平面内垂直于它们交线的直线与另一个平面垂直。

（3）能运用公理、定理和已获得的结论证明一些空间图形的位置关系的简单命题。

4.1.4 平面解析几何初步

1. 直线与方程

（1）在平面直角坐标系中，结合具体图形，确定直线位置的几何要素。

（2）理解直线的倾斜角和斜率的概念，掌握过两点的直线斜率的计算公式。

（3）能根据两条直线的斜率判定这两条直线平行或垂直。

（4）掌握确定直线位置的几何要素，掌握直线方程的几种形式（点斜式、两点式及一般式），了解斜截式与一次函数的关系。

（5）能用解方程组的方法求两条相交直线的交点坐标。

（6）掌握两点间的距离公式、点到直线的距离公式，会求两条平行直线间的距离。

2. 圆与方程

（1）掌握确定圆的几何要素，掌握圆的标准方程与一般方程。

（2）能根据给定直线、圆的方程判断直线与圆的位置关系；能根据给定两个圆的方程判断两圆的位置关系。

（3）能用直线和圆的方程解决一些简单的问题。

（4）初步了解用代数方法处理几何问题的思想。

3. 空间直角坐标系

（1）了解空间直角坐标系，会用空间直角坐标表示点的位置。

（2）会推导空间两点间的距离公式。

4.1.5 算法初步

1. 算法的含义、程序框图

（1）了解算法的含义，了解算法的思想。

（2）理解程序框图的三种基本逻辑结构：顺序、条件分支、循环。

2. 基本算法语句

理解几种基本算法语句——输入语句、输出语句、赋值语句、条件语句、循环语句的含义。

4.1.6 统计

1. 随机抽样

（1）理解随机抽样的必要性和重要性。

（2）会用简单随机抽样方法从总体中抽取样本；了解分层抽样和系统抽样方法。

2. 用样本估计总体

（1）了解分布的意义和作用，会列频率分布表，会画频率分布直方图、频率折线图、茎叶图，理解它们各自的特点。

（2）理解样本数据标准差的意义和作用，会计算数据标准差。

（3）能从样本数据中提取基本的数字特征（如平均数、标准差）并给出合理的解释。

（4）会用样本的频率分布估计总体分布，会用样本的基本数字特征估计总体的基本数字特征，理解用样本估计总体的思想。

（5）会用随机抽样的基本方法和样本估计总体的思想解决一些简单的实际问题。

3. 变量的相关性

（1）会作两个有关联变量的数据的散点图，会利用散点图认识变量间的相关关系。

（2）了解最小二乘法的思想，能根据给出的线性回归方程系数公式建立线性回归方程。

4.1.7　概率

1. 事件与概率

（1）了解随机事件发生的不确定性和频率的稳定性，了解概率的意义，了解频率与概率的区别。

（2）了解两个互斥事件的概率加法公式。

2. 古典概型

（1）理解古典概型及其概率计算公式。

（2）会计算一些随机事件所含的基本事件数及事件发生的概率。

3. 随机数与几何概型

（1）了解随机数的意义，能运用模拟方法估计概率。

（2）了解几何概型的意义。

4.1.8　基本初等函数Ⅱ（三角函数）

1. 任意角的概念、弧度制

（1）了解任意角的概念。

（2）了解弧度制的概念，能进行弧度与角度的互化。

2. 三角函数

（1）理解任意角三角函数（正弦、余弦、正切）的定义。

（2）能利用单位圆中的三角函数线推导出 $\frac{\pi}{2} \pm \alpha$，$\pi \pm \alpha$ 的正弦、余弦、正切的诱导公式，能画出 $y = \sin x$，$y = \cos x$，$y = \tan x$ 的图像，了解三角函数的周期性。

（3）理解正弦函数、余弦函数在区间 $[0, 2\pi]$ 上的性质（如单调性、最大值和最小值以及与 x 轴的交点等），理解正切函数在区间 $\left(-\frac{\pi}{2}, \frac{\pi}{2}\right)$ 内的单调性。

（4）理解同角三角函数的基本关系式：

$$\sin^2 x + \cos^2 x = 1,\ \frac{\sin x}{\cos x} = \tan x$$

（5）了解函数 $y = A\sin(\omega x + \varphi)$ 的物理意义；能画出 $y = A\sin(\omega x + \varphi)$ 的图像，了解参数 A、ω、φ 对函数图像变化的影响。

（6）了解三角函数是描述周期变化现象的重要函数模型，会用三角函数解决一些简单实际问题。

4.1.9　平面向量

1. 平面向量的实际背景及基本概念

（1）了解向量的实际背景。

（2）理解平面向量的概念，理解两个向量相等的含义。

（3）理解向量的几何表示。

2. 向量的线性运算

（1）掌握向量加法、减法的运算，并理解其几何意义。

（2）掌握向量数乘的运算及其几何意义，理解两个向量共线的含义。

（3）了解向量线性运算的性质及其几何意义。

3. 平面向量的基本定理及坐标表示

（1）了解平面向量的基本定理及其意义。

（2）掌握平面向量的正交分解及其坐标表示。

（3）会用坐标表示平面向量的加法、减法与数乘运算。

（4）理解用坐标表示的平面向量共线的条件。

4. 平面向量的数量积

（1）理解平面向量数量积的含义及其物理意义。

（2）了解平面向量的数量积与向量投影的关系。

（3）掌握数量积的坐标表达式，会进行平面向量数量积的运算。

（4）能运用数量积表示两个向量的夹角，会用数量积判断两个平面向量的垂直关系。

5. 向量的应用

（1）会用向量方法解决某些简单的平面几何问题。

（2）会用向量方法解决简单的力学问题与其他一些实际问题。

4.1.10　三角恒等变换

1. 和与差的三角函数公式

（1）会用向量的数量积推导出两角差的余弦公式。

（2）能利用两角差的余弦公式导出两角差的正弦、正切公式。

（3）能利用两角差的余弦公式导出两角和的正弦、余弦、正切公式，导出二倍角的正弦、余弦、正切公式，了解它们的内在联系。

2. 简单的三角恒等变换

能运用上述公式进行简单的恒等变换（包括导出积化和差、和差化积、半角公式，但对这三组公式不要求记忆）。

4.1.11　解三角形

1. 正弦定理和余弦定理

掌握正弦定理、余弦定理，并能解决一些简单的三角形度量问题。

2. 应用

能够运用正弦定理、余弦定理等知识和方法解决一些与测量和几何计算有关的实际问题。

4.1.12　数列

1. 数列的概念和简单表示法

（1）了解数列的概念和几种简单的表示方法（列表、图像、通项公式）。

（2）了解数列是自变量为正整数的一类函数。

2. 等差数列、等比数列

（1）理解等差数列、等比数列的概念。

（2）掌握等差数列、等比数列的通项公式与前 n 项和公式。

（3）能在具体的问题情境中识别数列的等差关系或等比关系，并能用有关知识解决相应的问题。

（4）了解等差数列与一次函数、等比数列与指数函数的关系。

4.1.13　不等式

1. 不等关系

了解现实世界和日常生活中的不等关系，了解不等式（组）的实际背景。

2. 一元二次不等式

（1）会从实际情境中抽象出一元二次不等式模型。

（2）通过函数图像了解一元二次不等式与相应的二次函数、一元二次方程的联系。

（3）会解一元二次不等式，对给定的一元二次不等式，会设计求解的程序框图。

3. 二元一次不等式组与简单线性规划问题

（1）会从实际情境中抽象出二元一次不等式组。

（2）了解二元一次不等式的几何意义，能用平面区域表示二元一次不等式组。

（3）会从实际情境中抽象出一些简单的二元线性规划问题，并能加以解决。

4. 基本不等式：

$$\frac{a+b}{2} \geq \sqrt{ab}\,(a \geq 0,\ b \geq 0)$$

（1）了解基本不等式的证明过程。

（2）会用基本不等式解决简单的最大（小）值问题。

4.1.14　常用逻辑用语

1. 命题及其关系

（1）理解命题的概念。

（2）了解"若 p，则 q"形式的命题及其逆命题、否命题与逆否命题，会分析四种命题的相互关系。

（3）理解必要条件、充分条件与充要条件的意义。

2. 简单的逻辑联结词

了解逻辑联结词"或""且""非"的含义。

3. 全称量词与存在量词

（1）理解全称量词与存在量词的意义。

（2）能正确地对含有一个量词的命题进行否定。

4.1.15 圆锥曲线与方程

1.圆锥曲线

（1）了解圆锥曲线的实际背景，了解圆锥曲线在刻画现实世界和解决实际问题中的作用。

（2）掌握椭圆、抛物线的定义、几何图形、标准方程及简单性质。

（3）了解双曲线的定义、几何图形和标准方程，知道它的简单几何性质。

（4）了解圆锥曲线的简单应用。

（5）理解数形结合的思想。

2.曲线与方程

了解方程的曲线与曲线的方程的对应关系。

4.1.16 空间向量与立体几何

1.空间向量及其运算

（1）了解空间向量的概念，了解空间向量的基本定理及其意义，掌握空间向量的正交分解及其坐标表示。

（2）掌握空间向量的线性运算及其坐标表示。

（3）掌握空间向量的数量积及其坐标表示，能运用向量的数量积判断向量的共线与垂直。

2.空间向量的应用

（1）理解直线的方向向量与平面的法向量。

（2）能用向量语言表述直线与直线、直线与平面、平面与平面的垂直、平行关系。

（3）能用向量方法证明有关直线和平面位置关系的一些定理（包括三垂线定理）。

（4）能用向量方法解决直线与直线、直线与平面、平面与平面的夹角的计算问题，了解向量方法在研究立体几何问题中的应用。

4.1.17 导数及其应用

1.导数概念及其几何意义

（1）了解导数概念的实际背景。

（2）理解导数的几何意义。

2.导数的运算

（1）能根据导数定义求函数 $y=C$（C 为常数），$y=x$，$y=x^2$，$y=x^3$，$y=\dfrac{1}{x}$ 的导数。

（2）能利用下面给出的基本初等函数的导数公式和导数的四则运算法则求简单函数的导数，能求简单的复合函数 [仅限于形如 $f(ax+b)$ 的复合函数] 的导数。

常见基本初等函数的导数公式：

$$(C)'=0（C 为常数）;（x^n）'=nx^{n-1}, \ n \in N_+$$
$$(\sin x)'=\cos x;（\cos x）'=-\sin x;$$
$$(e^x)'=e^x;（a^x）'=a^x \ln a（a>0 \text{且} a \neq 1）;$$
$$(\ln x)'=\frac{1}{x};（\log_a x）'=\frac{1}{x}\log_a e（a>0 \text{且} a \neq 1）$$

常用的导数运算法则：

法则 1：$[u(x)+v(x)]'=u'(x)+v'(x)$

法则 2：$[u(x)v(x)]'=u'(x)v(x)+u(x)v'(x)$

法则 3：$\left[\dfrac{u(x)}{v(x)}\right]'=\dfrac{u'(x)v(x)-u(x)v'(x)}{v^2(x)}$

3. 导数在研究函数中的应用

（1）了解函数单调性和导数的关系；能利用导数研究函数的单调性，会求函数的单调区间（其中多项式函数一般不超过三次）。

（2）了解函数在某点取得极值的必要条件和充分条件；会用导数求函数的极大值、极小值（其中多项式函数一般不超过三次）；会求闭区间上函数的最大值、最小值（其中多项式函数一般不超过三次）。

4. 生活中的优化问题

会利用导数解决某些实际问题。

5. 定积分与微积分基本定理

（1）了解定积分的实际背景，了解定积分的基本思想，了解定积分的概念。

（2）了解微积分基本定理的含义。

4.1.18　推理与证明

1. 合情推理与演绎推理

（1）了解合情推理的含义，能利用归纳和类比等进行简单的推理，了解合情推理在数学发现中的作用。

（2）了解演绎推理的重要性，掌握演绎推理的基本模式，并能运用它们进行一些简单推理。

（3）了解合情推理和演绎推理之间的联系和差异。

2. 直接证明与间接证明

（1）了解直接证明的两种基本方法——分析法和综合法；了解分析法和综合法的思考过程、特点。

（2）了解间接证明的一种基本方法——反证法；了解反证法的思考过程、特点。

3. 数学归纳法

了解数学归纳法的原理，能用数学归纳法证明一些简单的数学命题。

4.1.19　数系的扩充与复数的引入

1. 复数的概念

（1）理解复数的基本概念。

（2）理解复数相等的充要条件。

（3）了解复数的代数表示法及其几何意义。

2. 复数的四则运算

（1）会进行复数代数形式的四则运算。

（2）了解复数代数形式的加、减运算的几何意义。

4.1.20　计数原理

1. 分类加法计数原理、分步乘法计数原理

（1）理解分类加法计数原理和分步乘法计数原理。

（2）会用分类加法计数原理或分步乘法计数原理分析和解决一些简单的实际问题。

2. 排列与组合

（1）理解排列、组合的概念。

（2）能利用计数原理推导排列数公式、组合数公式。

（3）能解决简单的实际问题。

3. 二项式定理

（1）能用计数原理证明二项式定理。

（2）会用二项式定理解决与二项展开式有关的简单问题。

4.1.21　概率与统计

1. 概率

（1）理解取有限个值的离散型随机变量及其分布列的概念，了解分布列对于刻画

随机现象的重要性。

（2）理解超几何分布及其导出过程，并能进行简单的应用。

（3）了解条件概率和两个事件相互独立的概念，理解 n 次独立重复试验的模型及二项分布，并能解决一些简单的实际问题。

（4）理解取有限个值的离散型随机变量均值、方差的概念，能计算简单离散型随机变量的均值、方差，并能解决一些实际问题。

（5）利用实际问题的直方图，了解正态分布曲线的特点及曲线所表示的意义。

2. 统计案例

了解下列一些常见的统计方法，并能应用这些方法解决一些实际问题。

（1）独立性检验

了解独立性检验（只要求 2×2 列联表）的基本思想、方法及其简单应用。

（2）回归分析

了解回归分析的基本思想、方法及其简单应用。

4.2 选考内容

4.2.1 坐标系与参数方程

1. 坐标系

（1）理解坐标系的作用。

（2）了解在平面直角坐标系伸缩变换作用下平面图形的变化情况。

（3）能在极坐标系中用极坐标表示点的位置，理解在极坐标系和平面直角坐标系中表示点的位置的区别，能进行极坐标和直角坐标的互化。

（4）能在极坐标系中给出简单图形的方程。通过比较这些图形在极坐标系和平面直角坐标系中的方程，理解用方程表示平面图形时选择适当坐标系的意义。

（5）了解柱坐标系、球坐标系中表示空间中点的位置的方法，并与空间直角坐标系中表示点的位置的方法相比较，了解它们的区别。

2. 参数方程

（1）了解参数方程，了解参数的意义。

（2）能选择适当的参数写出直线、圆和圆锥曲线的参数方程。

（3）了解平摆线、渐开线的生成过程，并能推导出它们的参数方程。

（4）了解其他摆线的生成过程，了解摆线在实际中的应用，了解摆线在表示行星运动轨道中的作用。

4.2.2　不等式选讲

（1）理解绝对值的几何意义，并能利用含绝对值不等式的几何意义证明以下不等式：

1）$|a+b| \leqslant |a|+|b|$

2）$|a-b| \leqslant |a-c|+|c-b|$

3）会利用绝对值的几何意义求解以下类型的不等式：

$|ax+b| \leqslant c$，$|ax+b| \geqslant c$，$|x-a|+|x-b| \geqslant c$

（2）了解下列柯西不等式的几种不同形式，理解它们的几何意义，并会证明。

1）柯西不等式的向量形式：$|\alpha| \cdot |\beta| \geqslant |\alpha \cdot \beta|$；

2）$(a^2+b^2)(c^2+d^2) \geqslant (ac+bd)^2$；

3）$\sqrt{(x_1-x_2)^2+(y_1-y_2)^2} + \sqrt{(x_2-x_3)^2+(y_2-y_3)^2} \geqslant \sqrt{(x_1-x_3)^2+(y_1-y_3)^2}$

（此不等式通常称为平面三角不等式）。

（3）会用参数配方法讨论柯西不等式的一般情形：

$$\sum_{i=1}^{n} a_i^2 \cdot \sum_{i=1}^{n} b_i^2 \geqslant \left(\sum_{i=1}^{n} a_i b_i\right)^2$$

（4）会用向量递归方法讨论排序不等式。

（5）了解数学归纳法的原理及其使用范围，会用数学归纳法证明一些简单问题。

（6）会用数学归纳法证明伯努利不等式：

$(1+x)^n > 1+nx$（$x > -1$，$x \neq 0$，n为大于1的正整数），了解当n为大于1的实数时，伯努利不等式也成立。

（7）会用上述不等式证明一些简单问题。能够利用平均值不等式、柯西不等式求一些特定函数的极值。

（8）了解证明不等式的基本方法：比较法、综合法、分析法、反证法、放缩法。

附录5

2017 年春季高考数学考试范围及要求

5.1 代数

1. 集合

集合的概念，集合元素的确定性和互异性，集合的表示法，集合之间的关系，集合的基本运算，子集与推出的关系。

要求：

（1）理解集合的概念，掌握集合的表示法，掌握集合之间的关系（子集、真子集、相等），掌握集合的交、并、补运算。

（2）理解 $\in$、$=$、$\cap$、$\cup$ 等符号的含义，并能用这些符号表示元素与集合、集合与集合、命题与命题之间的关系。

（3）理解子集与推出的关系，能正确地区分充分、必要、充要条件。

2. 方程与不等式

配方法，一元二次方程的解法，实数的大小，不等式的性质与证明，区间，含有绝对值的不等式的解法，一元二次不等式的解法。

要求：

（1）掌握配方法，会用配方法解决有关问题。

（2）会解一元二次方程。

（3）理解不等式的性质，会用比较法证明简单不等式。

（4）会解一元一次不等式（组）。

（5）会解形如 $|ax+b| \geqslant c$ 或 $|ax+b| < c$ 的含有绝对值的不等式。

（6）会解一元二次不等式，会用区间表示不等式的解集。

（7）能利用不等式的知识解决有关的实际问题。

3. 函数

函数的概念，函数的表示方法，函数的单调性、奇偶性。

分段函数，一次函数、二次函数的图像和性质。

函数的实际应用。

要求：

（1）理解函数的概念及其表示法，会求一些常见函数的定义域。

（2）会由 $f(x)$ 的表达式求出 $f(ax+b)$ 的表达式。

（3）理解函数的单调性、奇偶性的定义，掌握增函数、减函数及奇函数、偶函数的图像特征。

（4）理解分段函数的概念。

（5）理解二次函数的概念，掌握二次函数的图像和性质。

（6）会求二次函数的解析式，会求二次函数的最值。

（7）能运用函数知识解决简单的实际问题。

4. 指数函数与对数函数

指数（零指数、负整指数、分数指数）的概念，实数指数幂的运算法则。

指数函数的概念，指数函数的图像和性质。

对数的概念，对数的性质与运算法则。

对数函数的概念，对数函数的图像和性质。

要求：

（1）掌握实数指数幂的运算法则，能利用计算器求实数指数幂的值。

（2）理解对数的概念，理解对数的性质和运算法则，能利用计算器求对数值。

（3）理解指数函数、对数函数的概念，掌握其图像和性质。

（4）能运用指数函数、对数函数的知识解决有关问题。

5. 数列

数列的概念。

等差数列及其通项公式，等差中项，等差数列前 n 项和公式。

等比数列及其通项公式，等比中项，等比数列前 n 项和公式。

要求：

（1）理解数列概念和数列通项公式的意义。

（2）掌握等差数列和等差中项的概念，掌握等差数列的通项公式及前 n 项和公式。

（3）掌握等比数列和等比中项的概念，掌握等比数列的通项公式及前 n 项和公式。

（4）能利用等差数列和等比数列的知识，解决简单的实际问题。

6. 平面向量

向量的概念，向量的线性运算。

向量直角坐标的概念，向量坐标与点坐标之间的关系，向量的直角坐标运算，中点式，距离公式。

向量夹角的定义，向量的内积，两向量垂直、平行的条件。

要求：

（1）理解向量的概念，会正确进行向量的线性运算（加法、减法和数乘以向量）。

（2）掌握向量的直角坐标及其与点坐标之间的关系，掌握向量的直角坐标运算。

（3）掌握两向量垂直、平行的条件。

（4）掌握线段中点坐标计算公式、两点间的距离公式。

（5）掌握向量夹角的定义，向量内积的定义、性质及其运算，掌握向量内积的直角坐标运算。

（6）能利用向量的知识解决相关问题。

7.逻辑用语

命题、量词、逻辑联结词。

要求：

（1）了解命题的有关概念。

（2）了解量词的有关概念，理解全称量词和存在量词的意义，并会用相应的符号表示。

（3）理解逻辑联结词"且""或""非"的意义。

（4）理解符号 $\forall$、$\exists$、$\wedge$、$\vee$、$\neg$ 的含义。

8.排列、组合与二项式定理

分类计数原理与分步计数原理。

排列的概念，排列数公式。

组合的概念，组合数公式及性质。

二项式定理，二项式系数的性质。

要求：

（1）掌握分类计数原理及分步计数原理，会用这两个原理解决一些较简单的问题。

（2）理解排列和排列数的意义，会用排列数公式计算简单的排列问题。

（3）理解组合和组合数的意义及组合数的性质，会用组合数公式计算简单的组合问题。

（4）理解二项式定理，理解二项式系数的性质。

5.2 三角

角的概念的推广，弧度制。

任意角三角函数（正弦、余弦和正切）的概念，同角三角函数的基本关系式。

三角函数诱导公式。

正弦函数、余弦函数的图像和性质，正弦型函数的图像和性质。

已知三角函数值求指定范围内的角。

和角公式，倍角公式。

正弦定理、余弦定理及三角形的面积公式。

三角计算及应用。

要求：

（1）了解终边相同的角的集合。

（2）理解弧度的意义，掌握弧度和角度的互化。

（3）理解任意角三角函数的定义，掌握三角函数在各象限的符号，掌握同角三角函数间的基本关系式。

（4）会用诱导公式化简三角函数式。

（5）掌握正弦函数的图像和性质，理解余弦函数的图像和性质。

（6）掌握正弦型函数的图像和性质（定义域、值域、周期性），会用"五点法"画正弦型函数的简图。

（7）会用计算器求三角函数值，会由三角函数（正弦和余弦）值求出指定范围内的角。

（8）掌握和角公式与倍角公式，会用它们进行计算、化简和证明。

（9）会求函数 $y = f(\sin x)$ 的最值。

（10）掌握正弦定理和余弦定理，会根据已知条件求三角形的边、角及面积。

（11）能综合运用三角知识解决简单的实际应用问题。

5.3　平面解析几何

直线的方向向量与法向量的概念，直线的点向式方程及点法式方程。

直线斜率的概念，直线的点斜式方程及斜截式方程。

直线的一般式方程。

两条直线垂直与平行的条件，点到直线的距离。

线性规划问题的有关概念，二元一次不等式（组）表示的区域。

线性规划问题的图解法。

线性规划问题的实际应用。

圆的标准方程和一般方程。

待定系数法。

椭圆的标准方程和性质。

双曲线的标准方程和性质。

抛物线的标准方程和性质。

要求：

（1）理解直线的方向向量和法向量的概念，掌握直线的点向式方程和点法式方程。

（2）了解直线的倾斜角和斜率的概念，会求直线的斜率，掌握直线的点斜式方程、斜截式方程以及一般式方程。

（3）会求两曲线的交点坐标。

（4）会求点到直线的距离，掌握两条直线平行与垂直的条件。

（5）了解线性约束条件、目标函数、线性目标函数、线性规划的概念。

（6）掌握二元一次不等式（组）表示的区域。

（7）掌握线性规划问题的图解法，并会解决简单的线性规划应用问题。

（8）掌握圆的标准方程和一般方程以及直线与圆的位置关系，能灵活运用它们解决有关问题。

（9）了解待定系数法的概念，会用待定系数法解决有关问题。

（10）掌握圆锥曲线（椭圆、双曲线、抛物线）的概念、标准方程和性质，能灵活运用它们解决有关问题。

5.4　立体几何

多面体、旋转体和棱柱、棱锥、圆柱、圆锥、球的概念。

柱体、锥体、球的表面积和体积公式。

平面的表示法，平面的基本性质。

空间直线与直线、直线与平面、平面与平面的位置关系。

直线与平面、平面与平面的两种位置（平行、垂直）关系的判定与性质。

点到平面的距离、直线到平面的距离、平行平面间的距离的概念。

异面直线所成角、直线与平面所成角、二面角的概念。

要求：

（1）了解多面体、旋转体和棱柱、棱锥、圆柱、圆锥、球的概念。

（2）掌握柱体、锥体、球的表面积和体积公式，能用公式计算简单组合体的表面积和体积。

（3）了解平面的基本性质。

（4）理解空间直线与直线、直线与平面、平面与平面的位置关系。

（5）理解直线与直线、直线与平面、平面与平面的两种位置（平行、垂直）关系的判定与性质。

（6）了解点到平面的距离、直线到平面的距离、平行平面间的距离的概念，并会解决相关的距离问题。

（7）了解异面直线所成角、直线与平面所成角、二面角的概念，并会解决相关的简单问题。

5.5　概率与统计初步

样本空间、随机事件、基本事件、古典概型、古典概率的概念，概率的简单性质。

直方图与频率分布，总体与样本，抽样方法（简单的随机抽样、系统抽样、分层抽样）。

总体均值，标准差，用样本均值、标准差估计总体均值、标准差。

要求：

（1）了解样本空间、随机事件、基本事件、古典概型、古典概率的概念及概率的简单性质，会应用古典概率解决一些简单的实际问题。

（2）了解直方图与频率分布，理解总体与样本，了解抽样方法。

（3）理解总体均值、标准差，会用样本均值、标准差估计总体均值、标准差。

（4）能运用概率、统计初步知识解决简单的实际问题。

附录6

山东理工大学测绘工程专业（春季招生）培养计划

6.1 培养标准

本专业依据"宽口径、厚基础、高素质"人才的总体要求，以社会需求为导向，以培养学生实践能力和创新意识为核心，坚持顶层设计与基层实施相结合，在打好基础的同时，强调能力的提高和素质的培养。强化学生工程应用意识，注重工程素质及工程能力的锻炼和提高，培养学生从工程全局出发，综合运用多学科知识和各种技术解决工程实际问题的综合素质，同时具备创新意识，能在测绘、规划、国土资源、矿山、交通、水利、电力等部门从事测绘工程技术及相关领域的生产、设计、开发、研究、教学与管理等方面工作的应用型工程技术人才。

1. 具有扎实的基础理论知识及具备初步相关技能

（1）工程基础：以数学和相关自然科学为基础，一般应包括数学、计算机应用基础、程序设计语言课程等。

（2）学科基础：包括测量学、地图学、土木工程制图，侧重于应用工程技术知识解决实际工程问题。

（3）人文和社会科学：具备基本的工程经济、管理、信息交流、法律、环境等人文与社会学的知识。掌握一门外语，可阅读相关专业外文资料等。

（4）了解本专业的发展现状及趋势。

2. 熟练掌握工程技术技能，具有解决工程实际问题的能力

（1）具备空间地理信息获取的基础知识及解决工程实际问题的初步技能。

1）熟练操作各种测量仪器，包括水准仪、经纬仪、全站仪、GPS等仪器设备。

2）熟悉空间信息采集过程和采集方法，具有数字化测图能力。

3）熟练使用数据采集与处理软件，包括AutoCAD、南方CASS、GPS数据处理等软件，具有数据传输与导入、图形编辑、图幅整饰、图形输出等方面的初步技能。

（2）具备从事本专业相关工作所需的工程技术知识及解决工程实际问题的初步技能。

1）掌握大地测量相关知识，具有常规控制网设计、布设、施测、数据处理的能力。

2）掌握工程测量相关知识，具有建筑工程勘测、工程放样、施工测量、竣工测量、变形监测、不动产测量等方面的基本技能。

3）掌握摄影测量（解析摄影测量、数字摄影测量）和遥感图像信息处理的原理与方法，熟悉常用图像处理软件，具有较强的图像数据处理能力。

4）掌握地理信息系统基本理论，熟悉常用 GIS 软件，具有进行空间数据矢量化、图形和属性编辑、拓扑处理、空间数据可视化、数据入库、空间分析等方面的基本技能。

3.具有项目及工程管理的能力，能够组织、管理、实施中、小规模测绘项目

（1）能够独立而准确地完成本专业在项目建设及验收程序中所需的测绘技术资料，了解测绘项目从立项到竣工备案的重点环节。

（2）熟悉和掌握各业务部门在项目建设中的职责职能划分，了解《工程监理规范》《工程项目管理规范》等法规，具有一定的质量、环境、职业健康安全和法律意识，在项目实施和工程管理中具备初步管理能力。

（3）熟悉测绘工程完工后的专项验收、竣工验收应具备的现场条件、技术资料、报验环节和验收程序，并能牵头组织验收工作。

（4）善于沟通，能适应环境，不断学习，初步具有竞争和合作的能力。具有较好的组织管理能力以及应对危机与突发事件的初步能力。

4.具有一定的知识创新、技能革新能力

（1）具有一定的能够综合运用已有的知识、信息、技能和方法，提出新方法、新观点的思维能力，培养发明创造、革新的意志、信心、勇气和智慧。

（2）具有一定的解决工程实际问题的能力、工程创新意识，能从事测绘工程设计与施工技能改革。

5.具有良好的职业道德、个人素质与业务能力

（1）具有遵守职业道德规范和所属职业体系的职业行为准则的意识。具备收集、分析、判断和选择国内外相关工程技术的能力，能够跟踪本领域最新技术发展趋势。

（2）为保持和增强其职业素养，具备不断反省、学习、积累知识和提高技能的意识和能力。具备基本的工程经济、管理、信息交流、法律、环境等人文与社会学的知识。熟练掌握一门外语，可运用其进行技术的沟通和交流。

（3）能够使用技术语言，在跨文化环境下进行沟通与表达。具备较强的适应能力，能灵活处理不断变化的人际环境和工作环境。

（4）具备团队合作精神，并具备一定的协调、管理能力。

6.2 培养标准实现矩阵

培养标准实现矩阵见附表 6-1。

培养标准实现矩阵　　　　　　　　　　　　附表 6-1

培养标准			实现课程
1 具有扎实的基础理论及具备初步相关技能	1.1 工程基础：以数学和相关自然科学为基础，一般应包括数学、计算机基础应用、计算机语言课程等		高等数学、线性代数与概率统计、大学物理、计算机应用基础、C 语言程序开发
	1.2 学科基础：包括测量学、土木工程制图等，侧重于应用工程技术知识解决实际工程问题		测量学、土木工程制图
	1.3 人文和社会科学：具备基本的工程经济、管理、情报交流、法律、历史等人文与社会学的知识。熟练掌握一门外语，可运用其进行技术沟通和交流		中国近现代史纲要、形势与政策、马克思主义基本原理、毛泽东思想和中国特色社会主义理论体系概论、文献检索、思想道德修养与法律基础、大学英语、专业英语
	1.4 了解本专业的发展现状及趋势		专家系列讲座
2 熟练掌握工程技术技能，具有解决工程实际问题的能力	2.1 具备空间地理信息获取的基础知识及解决工程实际问题的初步技能	2.1.1 熟练操作各种测量仪器，包括水准仪、经纬仪、全站仪、GPS 等仪器设备	测绘学概论、测量学、GNSS 原理与应用、大地测量学基础、工程测量学
		2.1.2 熟悉空间信息采集过程和采集方法，具有数字化测图能力	测量学、GNSS 原理与应用、大地测量学基础、工程测量学
		2.1.3 熟练使用数据采集与处理软件，包括 AutoCAD、南方 CASS、MapGIS、Mapinfo、GPS 数据处理等软件，具有数据传输与导入、图形编辑、图幅整饰、图形输出等方面的初步技能	测量学、GNSS 原理与应用、大地测量学基础、数字化绘图软件、数字化测图实习、大地测量实习
	2.2 具备从事本专业相关工作所需的工程技术知识及解决工程实际问题的初步技能	2.2.1 掌握大地测量相关知识，具有常规控制网设计、布设、施测、数据处理的能力	GNSS 原理与应用、大地测量学基础、测量平差基础、数字化测图实习、大地测量学实习
		2.2.2 掌握工程测量相关知识，具有建筑工程勘测、工程放样、施工测量、竣工测量、变形监测、不动产测量等方面的基本技能	工程测量学、精密工程测量、不动产测量、变形监测与数据处理、毕业实习
		2.2.3 掌握摄影测量（解析摄影测量、数字摄影测量）和遥感图像信息处理的原理与方法，熟悉常用图像处理软件，具有较强的图像数据处理能力	摄影测量学、遥感原理与应用、遥感数字图像处理、Matlab 空间数据处理、摄影测量与遥感实习
		2.2.4 掌握地理信息系统基本理论，熟悉常用 GIS 软件，具有进行空间数据矢量化、图形和属性编辑、拓扑处理、空间数据可视化、数据入库、空间分析等方面的基本技能	地图学、地理信息系统、地理信息系统实习、GIS 工程实践、地理信息系统开发、空间数据库

培养标准		实现课程
3 具有项目及工程管理的能力，能够组织、管理、实施中、小规模测绘项目	3.1 能够独立而准确地办理本专业在项目报建及验收程序中所需的技术资料，了解测绘项目从立项到竣工备案的重点环节	地理信息系统实习、大地测量实习、工程测量学、大地测量学基础
	3.2 熟悉和掌握各业务部门在项目建设中的职责职能划分，了解《工程监理规范》《工程项目管理规范》等法规，具有一定的质量、环境、职业健康安全和法律意识，在项目实施和工程管理中具备初步管理能力	数字化测图实习、大地测量实习、摄影测量与遥感实习、地理信息系统实习、毕业实习与毕业设计、专家讲座
	3.3 熟悉测绘工程完工后的专项验收、竣工验收应具备的现场条件、技术资料、报验环节和验收程序，并能牵头组织验收工作	毕业实习与毕业设计
	3.4 善于沟通，能适应环境，不断学习，初步具有竞争和合作的能力。具有较好的组织管理能力以及应对危机与突发事件的初步能力	第二课堂、大学语文、文献检索、各类校外实践
	3.5 具备团队合作精神，并具备一定的协调、管理能力	思想道德修养与法律基础、第二课堂、各类实践环节、大学生科技创新活动
4 具有知识创新、技能革新能力	4.1 具有能够综合运用已有的知识、信息、技能和方法，提出新方法、新观点的思维能力，培养发明创造、改革、革新的意志、信心、勇气和智慧	创新与创业模块、科学与技术模块、大学生创新项目、各科课程实习
	4.2 具有解决工程实际问题的能力、较强的工程创新意识，能从事测绘工程设计与施工技能改革	数字化测图实习、大地测量实习、摄影测量与遥感实习、地理信息系统实习、毕业实习与毕业设计
5 具有良好的职业道德、个人素质与业务能力	5.1 具有遵守职业道德规范和所属职业体系的职业行为准则的意识。具备收集、分析、判断和选择国内外相关工程技术的能力，能够跟踪本领域最新技术发展趋势。 5.2 为保持和增强其职业素养，具备不断反省、学习、积累知识和提高技能的意识和能力。具备基本的工程经济、管理、信息交流、法律、环境等人文与社会学的知识。熟练掌握一门外语，可运用其进行技术的沟通和交流	大学生发展与职业规划、大学生就业指导、工程师职业道德、系列专家讲座
	5.3 能够使用技术语言，在跨文化环境下进行沟通与表达。具备较强的适应能力，能灵活处理不断变化的人际环境和工作环境。 5.4 具备团队合作精神，并具备一定的协调、管理能力	测绘专业英语、毛泽东思想和中国特色社会主义理论体系概论、思想政治理论课实践教学、入学教育及军训

6.3 主干学科

0816 测绘科学与技术、0705 地理学。

6.4 主要课程

测绘学概论、测量学、测量平差基础、地图学、GNSS 原理与应用、工程测量学、大地测量学基础、地理信息系统、GIS 工程实践、摄影测量学、遥感原理与应用、遥感数字图像处理、数字化绘图软件。

6.5 主要实践性教学环节

数字化测图实习、摄影测量与遥感实习、地理信息系统实习、大地测量实习、工程测量实习、不动产测量与管理实习、测绘工程专业毕业实习与毕业设计。

实验、实习、设计和社会实践以及科研训练等形式。实验包括基础实验、专业基础实验和专业级研究性实验 3 个环节；实习包括认识实习、课程实习、生产实习、毕业实习 4 个环节；设计包括课程设计和毕业设计（论文）2 个环节。

6.6 毕业学分要求

修满 183.5 学分。

6.7 学制与授予学位

标准学制四年，授予工学学士学位。

6.8 课程结构比例

课程结构比例见附表 6-2。

课程结构比例			附表 6-2
课程性质	课程类别	应修学分	比例（%）
必修	通识教育必修课程	36.5	19.9
	学科基础课	22	12.0
	专业主干课程	63.0	34.3
	实践环节	52	28.3

续表

课程性质	课程类别	应修学分	比例（%）
选修	通识教育核心课程	6	3.3
	通识教育任意选修课程	4	2.2
	总学分	183.5	100

6.9 专业课程设置一览表（中英文对照）

专业课程设置一览表（中英文对照）见附表6-3。

专业课程设置一览表（中英文对照） 附表6-3

课程类别		课程代码	课程名称	学分	总学时	讲课学时	实验实践学时	开课学期	备注
通识教育课程	通识教育必修课程	P12001	马克思主义基本原理 Basic Principles of Marxism	3	48	32	16	3	
		P12228	毛泽东思想和中国特色社会主义理论体系概论 Mao Zedong Thought & Outline of Theory of Socialism with Chinese Characteristics	6	96	64	32	4	
		P12229	思想道德修养与法律基础 Moral Cultivation & Law Basics	3	48	24	24	1	
		P12003	中国近现代史纲要 Outline of Chinese Modern	2	32	24	8	2	
		P12226	形势与政策 I Situation & Policies I	1	16	8	8	3	
		P12227	形势与政策 II Situation & Policies II	1	16	8	8	5	
		X12001	军事理论 Military Theory	1.5	32	16	16	1	
		N92001	大学英语 I College English I	4	64	64		1	
		N92002	大学英语 II College English II	4	64	64		2	
		E92001	计算机应用基础 Foundation of Computer Application	3	48	32	16	1	
		U92001	体育 I Physical Education I	0.75	24	24		1	

课程类别		课程代码	课程名称	学分	总学时	讲课学时	实验实践学时	开课学期	备注
通识教育课程	通识教育必修课程	U92002	体育 Ⅱ Physical Education Ⅱ	0.75	24	24		2	
		U92003	体育 Ⅲ Physical Education Ⅲ	0.75	24	24		3	
		U92004	体育 Ⅳ Physical Education Ⅳ	0.75	24	24		4	
		X12006	文献检索 Document Indexing	1	24	16	8	3	
			C 语言程序开发 C language Program Development	4	64	32	32	2	
			应修学分小计	36.5	632				
	通识教育核心课程	400E02	大学生就业指导 Vocational Counsel for College Student（A）	0.5	8	8		6	
		400E01	大学生职业生涯规划 Career Planning of College Student	1	16	16		1	
		400E07	大学生创业基础 Entrepreneurial Basics for College Students	1	16	16		2	
		400B01	中国传统文化 Traditional Culture of China	1.5	24	24		2	
		R92042	管理学 Management	2	32	32		3	
			通识教育任意选修课程	4					
			应修学分小计	10	96				
学科基础课		L92001	高等数学 Ⅰ Advanced Mathematics Ⅰ	5	80	80		1	知识点见备注
		L92002	高等数学 Ⅱ Advanced Mathematics Ⅱ	5	80	80		2	
		L92005	线性代数与概率统计 Linear Algebra and Probability Statistic	4	64	64		3	
		L92003	大学物理 College Physics	4	64	64		2	
		G92004	土木工程制图 Civil engineering Graphing	4	64	64		2	
			应修学分小计	22	352				

续表

课程类别		课程代码	课程名称	学分	总学时	讲课学时	实验实践学时	开课学期	备注
专业课程	专业主干课程	G92005	测绘学概论 Introduction to Surveying & Mapping	1	16	16		1	
		G92006	测量学Ⅰ Surveying Ⅰ	3	48	32	16	3	
		G92007	测量学Ⅱ Surveying Ⅱ	3	48	32	16	4	
		G92008	地图学 Cartography	3	48	48		3	
		G92009	测量平差基础 Basic Survey Adjustment	5	80	80		4	
		G92010	数字化绘图软件 Digital Mapping Software	3	48	28	20	4	
		G92011	地理信息系统 Geographic Information Systems	3.5	56	36	20	5	
		G92012	GIS 工程实践 GIS Engineering Practices	4	64	32	32	5	
		G92013	摄影测量学 Photogrammetry	4	64	44	20	5	
		G92014	遥感原理与应用 Remote Sensing Principles and Applications	3.5	56	36	20	4	
		G92015	GNSS 原理与应用 GNSS Principle and Application	4	64	52	12	6	
		G92016	工程测量学 Engineering Surveying	4	64	44	20	6	
		G92017	大地测量学基础 The Base of Geodetic Surveying	4	64	54	10	6	
		G92018	遥感数字图像处理 Remote Digital Image Processing	3	48	30	18	5	
		G92019	不动产测量与管理 Measurement of Real Estate	3	48	32	16	6	
		G92020	Matlab 空间数据处理 Matlab Spatial Data Processing	3	48	24	24	3	
		G92021	测绘专业英语 English for Surveying and Mapping	2	32	32		6	

续表

课程类别		课程代码	课程名称	学分	总学时	讲课学时	实验实践学时	开课学期	备注
专业课程	专业选修课程	G92022	精密工程测量 Precision Engineering Survey	2	32	32		7	至少选修6学分
		G92023	近景摄影测量 Close-range Photogrammetry	2	32	22	10	7	
		G92024	空间数据库 Spatial Database	2	32	16	16	7	
		G92025	地理信息系统开发 Geographic Information Systems Development	2	32	16	16	7	
		G92026	变形监测与数据处理 Deformation Monitoring and Data Processing	2	32	32		7	
			应修学分小计	63	976				至少选修7学分
实践环节		P11034	思想政治理论课实践教学 The Practice of Ideological and Political Theory Course Teaching	2	+2			4	创新专题设计：需完成规定考核项目之一
		X11001	入学教育及军训 Entrance Education & Military Training		+3			1	
		G91001	创新专题设计* Innovative Project Design	1	+1			1~7	
		G91002	数字化测图实习 Digital Mapping Exercitation	6	+6			4	
		G91003	摄影测量与遥感实习 Photogrammetry and Remote Exercitation	4	+4			5	
		G91004	地理信息系统实习 Geographic Information System Exercitation	5	+5			5	
		G91005	大地测量实习（大地+GPS） Geodesy Exercitation	8	+8			6	
		G91006	工程测量实习 Engineering Surveying Exercitation	6	+6			7	
		G91007	不动产测量实习 Rea Estate Surveying Exercitation	3	3			7	
		G91008	测绘工程专业毕业实习与毕业设计 Graduation Exercitation and Design of Surveying Engineering	17	+17			8	
		X91004	毕业鉴定 Graduation Appraisal	0	+1			8	
			应修学分小计	52	56周				
总计				183.5					

备注：山东理工大学测绘工程专业春季学生物理 / 数学讲授重点：

1. 大学物理

（1）力学：质点的运动学、动力学、刚体的定轴转动。

（2）电磁学：电磁感应、电磁波。

（3）光学：光的干涉、衍射、几何光学（成像光学仪器基本原理）。

2. 高等数学

（1）泰勒公式、函数的单调性、函数的极值、曲线的凸凹与拐点、曲率。

（2）空间直角坐标系、空间曲面及曲线。

（3）多元函数的极值（条件极值）、方向导数与梯度。

（4）泰勒级数、傅里叶级数。

3. 线性代数

（1）矩阵的运算、逆矩阵、分块矩阵、矩阵的秩。

（2）线性方程组。

（3）矩阵的特征值与特征向量。

（4）正定二次型、正定矩阵。

4. 概率论与数理统计

（1）随机变量及其分布（多维随机变量）。

（2）随机变量数字特征。

（3）参数估计、假设检验。

（4）回归分析。

山东理工大学工程管理专业（春季招生）培养计划

7.1 培养标准

通过对学生在建安工程计量与计价、工程招投标、项目管理和建筑施工等方面核心应用能力的训练，使其掌握建设工程技术及相关的管理、经济和法律等基础知识和专业知识，使其具有项目评估、编制招投标文件、编制和审核工程项目估算、概算、预算、结算、决算文件的能力；具有工程项目投资控制、质量控制、进度控制及合同管理、安全管理、信息管理的初步能力；同时具备良好的社会适应能力和较强的创新精神和实践能力，能够在国内外土木工程及相关领域从事建设工程全过程管理的应用型高级工程管理人才。

1. 掌握本专业领域一般性和专门的工程技术知识及具备初步相关技能

（1）具备从事本专业相关工作所需的工程科学技术知识以及一定的人文和社会科学知识。

1）工程基础：以数学和相关自然科学为基础，包括数学和数理统计、试验、误差理论与数据处理的应用。

2）学科基础：包括建筑力学、土木工程材料、土木工程制图、建筑CAD、房屋建筑学、土木工程测量、会计学原理、管理学原理等学科知识，侧重于应用工程技术知识解决实际工程问题。

3）人文和社会科学：具备基本的工程经济、管理、信息交流、法律、环境等人文与社会学的知识，熟练掌握一门外语，可运用其进行技术沟通和交流。

（2）掌握工程管理基础知识及具备解决工程技术问题的初步能力。

1）建筑工程设计理论与施工技术：掌握建筑结构基本力学理论；掌握常用工程材料的技术性质与选用；熟悉土力学基本知识、掌握常见建筑基础的设计方法；掌握建筑构造和建筑施工图的设计，掌握常用建筑结构和构件的设计原理，熟悉建筑设计基本知识与方法；掌握现代施工技术和施工组织管理方法。

2）建筑工程管理方法与原理：掌握管理方案优选方法、掌握项目管理的基本理论、掌握工程招投标和合同管理知识。

3）建筑工程经济：熟悉产品价格理论、产品供求理论、边际替代理论、货币市场理论；掌握资金等值计算、工程经济分析基本方法、不确定性分析、工程建设项目经济评价；了解工程建设项目融资分析、设备更新经济分析。

4）建筑工程法律法规：掌握我国的合同法律制度体系；熟悉《中华人民共和国建筑法》《中华人民共和国招标投标法》和《建设工程质量管理条例》等；熟悉现代国际工程合同法律制度、法律规范和相关国际惯例。

5）工程管理发展：了解国内外工程管理领域的理论与实践的最新发展动态与趋势。

（3）具备工程造价基本知识及解决工程技术问题的初步技能。

1）掌握建筑工程量清单计价和定额计价原理和应用；掌握建筑工程量计算规则；掌握建筑工程定额应用；掌握建筑工程量清单计价方法。

2）掌握安装工程量清单计价和定额计价原理和应用；掌握安装工程（给水排水工程、采暖工程、通风空调工程、工业管道工程、电气工程）基本理论及工程量计算规则；掌握安装工程定额应用；掌握安装工程量清单计价方法。

（4）具备建筑工程项目管理与造价管理的基本知识及解决技术问题的初步技能。

1）掌握建筑工程施工组织和施工方法；掌握建筑工程质量、成本和进度控制方法；掌握合同管理和安全管理方法；熟悉风险管理的基本原理。

2）掌握建设工程投资估算、设计概算、施工图预算、竣工结算和竣工决算的编制方法；掌握建设工程造价管理原理与方法。

（5）具备工程招投标的基本知识及解决工程技术问题的初步技能。

1）掌握工程招投标制度和方法。

2）了解招标代理机构的运作方式。

（6）了解本专业领域技术标准和房地产开发与管理。

1）了解本专业领域的技术规范、标准，以及标准图集等技术工具。

2）了解房地产开发与管理的基本知识。

2. 通过建筑工程的设计、施工、造价和工程管理实际问题的系统化训练，具备解决工程实际问题的初步能力

（1）熟悉建筑工程设计、施工的方法、步骤，熟悉建筑工程设计、施工规范和标准，初步具备建筑设计、施工能力。

（2）具备熟练识读建筑工程施工图的能力，掌握建筑安装工程计量与计价原理和方法，具备编制建筑安装工程计价文件的能力。

（3）具备编制单位工程施工组织设计的能力、编制招投标文件的能力，以及进行

工程索赔与合同管理的能力。

（4）具备评价工程技术经济方案的能力，初步具备编制工程项目经济评价的能力。

（5）具备应用各种技术和现代工程工具解决实际问题的能力。

3. 具备有效的沟通与交流能力

（1）能够使用技术语言，在跨文化环境下进行沟通与表达。

（2）具备较强的人际交往能力，能够控制自我并了解、理解他人需求和意愿。

（3）具备较强的适应能力，能灵活处理不断变化的人际环境和工作环境。

（4）具备收集、分析、判断和选择国内外建设工程技术和管理的能力，能够跟踪本领域最新技术发展趋势。

（5）具备团队合作精神，并具备一定的协调、管理能力。

（6）具备健康的个性品质和良好的社会适应能力。

4. 具备良好的职业道德，以及对职业、社会、环境的责任感

（1）具有遵守职业道德规范和建设行业行为准则的意识，遵纪守法，富有社会责任感。

（2）具备认真细心、吃苦耐劳的精神，遵循工程规律和工程管理规律，具有严谨的工作作风。

（3）具有良好的质量、安全、服务和环保意识，有主动承担健康、安全、福利等社会责任的意识。

（4）保持和增强职业素养，具备不断反省、学习、积累知识和提高技能的意识及能力。

7.2　工程管理本科培养标准实现矩阵

工程管理本科培养标准实现矩阵见附表 7-1。

工程管理本科培养标准实现矩阵　　　　　　　　　　　　　　　　附表 7-1

培养标准			实现课程
1 掌握本专业领域一般性和专门的工程技术知识及具备初步相关技能	1.1 具备从事本专业相关工作所需的工程科学技术知识以及一定的人文和社会科学知识	1.1.1 掌握工程技术基础理论知识	高等数学、线性代数、概率论与数理统计、C 语言、计算机应用基础
		1.1.2 掌握本学科基础理论知识，侧重于应用工程技术知识解决实际工程问题	建筑力学、土木工程材料、土木工程制图、建筑 CAD、房屋建筑学、土木工程测量、会计学原理、工程测量实习

续表

培养标准			实现课程
1 掌握本专业领域一般性和专门的工程技术知识及具备初步相关技能	1.1 具备从事本专业相关工作所需的工程科学技术知识以及一定的人文和社会科学知识	1.1.3 人文和社会科学：具备基本的工程经济、管理、工程交流、法律、环境等人文与社会学的知识，熟练掌握一门外语，可运用其进行技术沟通和交流	工程项目管理、文献检索、思想道德修养与法律基础、大学英语
	1.2 掌握工程管理基础知识及具备解决工程技术问题的初步能力	1.2.1 建筑工程设计理论与技术：掌握建筑结构基本力学理论；掌握常用工程材料的技术性质与选用；熟悉建筑设计基本知识与方法；熟悉土力学基本知识、掌握常见建筑基础的设计方法	建筑力学、土木工程材料、房屋建筑学、建筑工程结构、土力学与基础、道路与桥梁工程、工程认识实习
		1.2.2 建筑工程管理方法与原理：掌握项目管理的基本理论、熟悉工程招投标的方法	管理学原理、工程项目管理、工程招投标与合同管理
		1.2.3 建筑工程经济：熟悉产品价格理论、产品供求理论、边际替代理论、货币市场理论；掌握资金等值计算、工程经济分析基本方法、不确定性分析、工程建设项目经济评价；了解工程建设项目融资分析、设备更新经济分析	工程经济与项目评价
		1.2.4 建筑工程法律：掌握我国的合同法律制度体系；熟悉《中华人民共和国建筑法》《中华人民共和国招标投标法》和《建设工程质量管理条例》，熟悉现代国际工程合同法律制度、法律规范和相关国际惯例	工程合同法律制度、工程招投标与合同管理
		1.2.5 了解本专业的发展现状和趋势。了解房地产开发与管理、道路与桥梁工程	学科导论、工程造价管理、房地产开发与管理、道路与桥梁工程
	1.3 具备工程造价基本知识及解决工程技术问题的初步技能	1.3.1 掌握建筑工程工程量计算规则；熟悉定额原理；掌握定额应用；掌握建筑工程工程量清单计价方法	建筑工程计量与计价，建筑设备、安装工程计量与计价
		1.3.2 掌握安装工程（给水排水工程、采暖工程、通风空调工程、工业管道工程、电气工程）基本理论及工程量计算规则；熟悉定额原理；掌握定额应用；掌握安装工程工程量清单计价方法	

续表

培养标准			实现课程
1 掌握本专业领域一般性和专门的工程技术知识及具备初步相关技能	1.4 具备建筑工程项目管理与造价管理的基本知识及解决技术问题的初步技能	1.4.1 掌握建筑工程施工组织和施工方法；掌握建筑工程质量、成本和进度控制方法；掌握合同管理和安全管理方法；熟悉风险管理的基本原理	工程项目管理、建筑施工、工程招投标与合同管理、建设工程质量控制与验收
		1.4.2 掌握建设工程投资估算、设计概算、施工图预算、竣工结算和竣工决算的编制方法；掌握建设工程造价管理原理与方法	工程造价管理、建筑工程计量与计价、建筑设备、安装工程计量与计价
	1.5 具备工程招投标与项目融资的基本知识及解决工程技术问题的初步技能	1.5.1 掌握工程招投标制度和方法；了解招标代理机构	工程招投标与合同管理、建设项目融资
		1.5.2 熟悉建设项目融资的常见方法和原理	
	1.6 了解本专业领域技术标准	了解土木工程制图标准、建筑工程设计规范、建筑工程施工规范与验收标准	土木工程制图、建筑工程结构、建筑施工、毕业实践与毕业设计、专家系列讲座
2 解决建筑工程的设计施工造价和工程管理实际问题的系统化训练，初步具备解决工程实际问题的能力	2.1 熟悉建筑工程设计的方法、步骤，熟悉建筑工程设计规范和标准，初步具备建筑设计能力		土木工程制图课程设计、房屋建筑学课程设计、建筑工程结构课程设计、工程管理综合实训
	2.2 具备熟练识图建筑工程各种施工图的能力，掌握建筑安装工程计量与计价规则和方法，具备编制建筑安装工程施工图预算的能力		建筑工程计价课程设计、安装工程计价课程设计、建筑工程识图实训、工程管理专业毕业实习与毕业设计、工程综合实训
	2.3 具备编制单位工程施工组织设计的能力、编制招投标文件的能力、进行工程索赔与合同管理的能力，以及保值工程项目管理策划的能力		施工组织课程设计、工程招投标与合同管理课程设计、工程项目管理课程设计、工程管理专业毕业实习与毕业设计
	2.4 具备编制工程投资估算和评价的能力，初步具备编制工程项目可行性研究报告的能力		工程经济与项目评价课程设计
3 具备有效的沟通与交流能力	3.1 能够使用技术语言，在跨文化环境下进行沟通与表达		大学英语、专业英语、文献检索、毕业实践与毕业设计
	3.2 具备较强的人际交往能力，能够控制自我并了解、理解他人需求和意愿		社会实践与公益活动、大学生发展与职业规划、大学生就业指导、第二课堂
	3.3 具备较强的适应能力，能灵活处理不断变化的人际环境和工作环境		入学教育与军训、大学生发展与职业规划、大学生就业指导、口头与书面表达、专家系列讲座、各类实践环节

培养标准		实现课程
3 具备有效的沟通与交流能力	3.4 具备收集、分析、判断和选择国内外相关工程技术的能力，能够跟踪本领域最新技术发展趋势	文献检索、工程管理学科导论、系列专家讲座、各类实践环节、大学生科技创新活动
	3.5 具备团队合作精神，并具备一定的协调、管理能力	思想道德修养与法律基础、工程项目管理、第二课堂、各类实践环节
4 具备良好的职业道德，以及对职业、社会、环境的责任感	4.1 具有遵守职业道德规范和所属职业体系的职业行为准则的意识	入学教育与军训、思想道德修养与法律基础、企业法律法规讲座、工程师职业道德
	4.2 具有良好的质量、安全、服务和环保意识，有主动承担健康、安全、福利等社会责任的意识	思想道德修养与法律基础、企业法律法规讲座、工程管理学科导论
	4.3 为保持和增强其职业素养，具备不断反省、学习、积累知识和提高技能的意识和能力	大学生发展与职业规划、大学生就业指导、工程师职业道德、专家系列讲座

7.3　主干学科

管理科学与工程、土木工程。

7.4　主要课程

土木工程制图、建筑力学、房屋建筑学、土木工程材料、建筑工程结构、土力学与基础、建筑施工、工程经济与项目评价、工程项目管理、工程招投标与合同管理、建筑工程计量与计价、安装工程计量与计价、工程造价管理、建筑工程计量与计价电算化。

7.5　主要实践性教学环节

工程认识实习、工程生产实习、工程测量实习、房屋建筑学课程设计、建筑工程结构课程设计、施工组织课程设计、工程经济与项目评价课程设计、招投标与合同管理课程设计、建筑工程计价课程设计、安装工程计价课程设计、工程管理综合实训及工程管理专业毕业实践与毕业设计等。

7.6　毕业学分要求

修满 182 学分。

7.7　学制与授予学位

标准学制四年，授予工学学士学位。

7.8　课程结构比例

课程结构比例见附表 7-2。

课程结构比例　　　　　　　　　　　　　　附表 7-2

课程性质	课程类别	应修学分	比例（%）
必修	通识教育必修课程	32.5	17.76
	学科基础课	25.5	13.93
	专业主干课程	39	21.31
	实践环节	48	26.23
选修	通识教育核心课程	6	3.28
	通识教育任意选修课程	4	2.19
	专业限选课程	28	15.30
总学分		183	100

7.9　专业课程设置一览表（中英文对照）

专业课程设置一览表（中英文对照）见附表 7-3。

专业课程设置一览表（中英文对照）　　　　　附表 7-3

课程类别		课程代码	课程名称	学分	总学时	讲课学时	实验实践学时	开课学期	备注
通识教育课程	通识教育必修课程	P12001	马克思主义基本原理 Basic Principles of Marxism	3	48	32	16	3	
		P12002	毛泽东思想和中国特色社会主义理论体系概论 Mao Zedong Thought & Outline of Theory of Socialism with Chinese Characteristics（A）	6	96	64	32	4	
		P12004	思想道德修养与法律基础 Moral Cultivation & Law Basics	3	48	24	24	1	
		P12003	中国近现代史纲要 Outline of Chinese Modern	2	32	24	8	2	
		P12226	形势与政策 I Situation & Policies I	1	16	8	8	3	
		P12227	形势与政策 II Situation & Policies II	1	16	8	8	5	
		X12001	军事理论 Military Theory	1.5	32	16	16	1	
		E12001	计算机应用基础 Foundation of Computer	3	48	32	16	1	
		N92001	大学英语 I College English I	4	64	64		1	
		N92002	大学英语 II College English II	4	64	64		2	
		X12006	文献检索 Document Indexing	1	24	16	8	3	
		U92001	体育 I Physical Education I	0.75	24	24		1	
		U92002	体育 II Physical Education II	0.75	24	24		2	
		U92003	体育 III Physical Education III	0.75	24	24		3	
		U92004	体育 IV Physical Education IV	0.75	24	24		4	
			应修学分小计	32.5	584				

续表

课程类别		课程代码	课程名称	学分	总学时	讲课学时	实验实践学时	开课学期	备注
通识教育课程	通识教育核心课程	400E02	大学生就业指导 Vocational Counsel for College Student（A）	0.5	8	8		6	
		400E01	大学生职业生涯规划 Career Planning of College Student	1	16	16		1	
		400E07	大学生创业基础 Students Entrepreneurial Base	1	16	16		2	
		400B01	中国传统文化 China Traditional Culture	1.5	24			2	
		G92056	土木工程概论 Introduction to Civil Engineering	2	32			2	
	通识教育任意选修课程			4					
	应修学分小计			10	160				
学科基础课		L92001	高等数学Ⅰ Advanced Mathematics Ⅰ	5	80	80		1	具体见备注
		L92002	高等数学Ⅱ Advanced Mathematics Ⅱ	5	80	80		2	
		L92005	线性代数与概率统计 Linear Algebra and Probability Statistics	4	64	64		3	
		L92003	大学物理 Colege Physics	4	64	64		2	具体见备注
		G92004	土木工程制图 Civil Engineering Drafting	4	64	64		2	
		G92001	建筑工程学院学科导论 Curriculum Introduction to Architectural Engineering	0.5	8	8		1	
		G92031	土木工程测量 Measurement Engineering for Civil Engineering	3.5	56	40	16	3	
	应修学分小计			25.5	416				
专业课程	专业主干课程	G92053	建筑CAD Architecture CAD	2	32	16	16	3	
		G92054	建筑力学 Architecture Mechanics	5	80	76	4	3	
		G92055	会计学原理 Fundamentals of Accounting	2	32	32		4	
		G92033	土木工程材料 Civil Engineering Materials	3.5	56	42	14	4	

续表

课程类别		课程代码	课程名称	学分	总学时	讲课学时	实验实践学时	开课学期	备注
专业课程	专业主干课程	G920042	房屋建筑学 Building Architecture	3.5	56	56		4	
		G92057	建筑工程结构 Building & Civil Engineering Structures	5.5	88	88		4	
		G92058	土力学与基础 Soil Mechanics & Foundation	3	48	48		5	
		G92059	建筑施工 Building Construction	4	64	64		5	
		G92060	工程合同法律制度 Construction Contract Jurisprudence	2	32	32		3	
		G92061	建设工程质量控制与验收 Quality Control and Acceptance of Construction Projects	2	32	32		6	
		G92062	建筑设备 Building Equipment	3	48	48		6	
		G92063	工程经济与项目评价 Engineering Economy & Project Evaluation	3.5	56	56		5	
			应修学分小计	39	624				
	专业限选课程	G92065	工程招投标与合同管理* Construction Project Bidding & Contract Management	3	48	48		6	带*号为必选课程
		G92066	工程项目管理* Construction Project Management	4	64	64		5	
		G92067	建筑工程计量与计价电算化* Building Engineering Measurement & Pricing Computerization	2.5	40	20	20	6	
		G92068	建筑工程计量与计价* Building Engineering Measurement & Valuation	6	96	96		6	
		G92069	安装工程计量与计价* Calculating & Valuating of Installation Engineering	5	80	80		7	
		G92070	工程造价管理* Construction Cost Management	3.5	56	56		6	
		G92071	房地产开发与管理 Real Estate Development & Management	2	32	32		5	
		G92072	道路与桥梁工程 Road &Bridge Engineering	2	32	32		7	
		G92073	建设工程融资 Project Investment & Finance	2	32	32		7	
			应修学分小计	28	448	（必修24学分，选修4学分）			

课程类别	课程代码	课程名称	学分	总学时	讲课学时	实验实践学时	开课学期	备注
实践环节	P11034	思想政治理论课实践教学 The Practice of Ideological and Political Theory Course Teaching	2	+2			4	
	X11001	入学教育及军训 Entrance Education and Military Training	0	+3			1	
	G91024	土木工程制图课程设计 Course Exercise in Architectural Graphing	1	+1			2	
	G91025	工程测量实习 Engineering Surveying Practice	1	+1			3	
	G91026	工程认识实习 Cognition Practice for Construction Engineering	1	+1			3	
	G91027	工程生产实习 Production Practice for Construction Engineering	6	+6			7	
	G91028	房屋建筑学课程设计 Course Exercise in Building Architecture	2	+2			4	
	G91029	建筑工程结构课程设计 Course Exercise in Building & Civil Engineering Structures	2	+2			5	
	G91030	工程经济与项目评价课程设计 Course Design about Engineering Economy and Project Evaluation	1	+1			5	
	G91031	施工组织课程设计 Course Design on Construction Organization	2	+2			5	
	G91032	工程招投标与合同管理课程设计 Course Design on Project Bidding & Contract Management	1	+1			6	
	G91033	工程管理综合实训 Comprehensive Practice of Engineering Management	4	+4			7	
	G91034	建筑工程识图实训 Reading Construction Drawings Train	1	+1			6	
	G91035	建筑工程项目管理课程设计 Course Design of Construction Engineering Project Management	1	1			5	
	G91036	建筑工程计价课程设计 Course Exercise in Building Engineering Valuation	4	+4			6	

课程类别	课程代码	课程名称	学分	总学时	讲课学时	实验实践学时	开课学期	备注
实践环节	G91037	安装工程计价课程设计 Course Exercise in Installation Engineering Valuation	2	+2			7	
	G91038	工程管理专业毕业实习与毕业设计 Graduation Training and Graduation Project about Engineering Management	17	+17			8	
	X91004	毕业鉴定 Graduation Appraisal	0	+1			8	
		应修学分小计	48	52周				
总计			183					

备注：工程管理专业春季招生大学物理、高等数学、线性代数与概率统计课程知识点要求：

1. 大学物理

（1）力学部分。

（2）电磁学部分。

2. 高等数学

（1）函数的性质、函数定义域、求导、求偏导、函数求极值。

（2）二重积分、微分方程，二元二次方程组的解法。

3. 线性代数与概率统计

（1）行向量（列向量）基础知识，排列组合、矩阵线性变换、矩阵乘法、逆矩阵。

（2）正态分布函数的平均值、标准差和变异系数。

附录 8

山东理工大学土木工程专业（春季招生）培养计划

8.1　培养标准

本专业培养适应社会主义现代化建设需要，德、智、体等方面全面发展，掌握土木工程学科的基本原理和基本知识，能胜任房屋建筑、道路、桥梁、隧道等各类土木工程的技术和管理工作，具有扎实的基础理论、专业知识、出色的工程实践能力和创新能力以及一定的国际视野，能面向未来的应用型高级工程技术人才。

经过本科阶段培养，学生应该在知识、能力、素质方面达到以下要求。

8.1.1　知识要求

1. 工具性知识

（1）熟练掌握英语，具有一定的英文写作和表达能力。

（2）了解信息科学基础知识，掌握文献、信息、资料检索的一般方法。

（3）掌握计算机基本知识、高级编程语言和土木工程相关软件应用技术。

2. 人文社会科学知识

（1）掌握经济学、管理学基础知识。

（2）掌握工程建设相关法律法规。

（3）了解政治学、社会学、哲学、心理学和历史等社会科学知识。

（4）了解军事理论基础等知识。

3. 自然科学知识

（1）掌握作为土木工程基础的高等数学和工程数学知识。

（2）了解现代物理、化学、环境科学的基本知识。

（3）了解现代科学技术发展的其他自然科学知识。

4. 土木工程专业知识

（1）掌握理论力学、材料力学、结构力学、流体力学的基本原理和分析方法。

（2）掌握工程材料的基本性能和应用。

（3）掌握画法几何及工程制图的基本原理和方法。

（4）掌握工程测量的基本原理和方法。

（5）掌握工程结构构件的力学性能和计算原理。

（6）掌握土力学和基础工程设计的基本原理和分析方法。

（7）掌握结构设计理论和设计方法。

（8）掌握计算机应用技术。

（9）掌握土木工程施工和组织的过程和项目管理、技术经济分析的基本方法。

（10）掌握土木工程现代施工技术、工程检测、监测和测试的基本方法。

（11）了解土木工程的风险管理和防灾减灾基本原理及一般方法。

（12）了解与本专业相关其他专业知识。

（13）了解结构、设施和系统的全寿命分析和维护理论。

（14）了解土木工程专业的发展现状和趋势。

8.1.2　能力要求

1. 工程实践能力

（1）工程设计方面：能理解工程应用要求，掌握工程勘察方法，了解设计规范和专业设计流程，掌握工程设计方法，能通过设计软件完成一般工程结构物的设计和复核工作，能对设计方案进行说明、优化和比较。

（2）工程施工方面：能充分理解工程设计意图，根据工程质量、投资、进度、环境和安全以及工程条件，编制施工组织设计。能完成一般的施工测量、放样、技术交底和材料试验工作。掌握一般的施工工艺、施工质量检查和控制方法。

（3）了解施工报验程序、施工日志、施工报表和施工总结编写、竣工文件编制和工程决算方法。

（4）工程管理方面：了解建设项目的总体概况，掌握项目质量管理、投资管理、进度管理，掌握建设项目信息管理等专业管理软件。

2. 获取知识和继续学习的能力

（1）利用多种方法进行查询和文献检索，获取信息。

（2）了解学科内和相关学科的发展方向及国家的发展战略。

（3）独立思考，自主学习，更新知识，制定和调整自身的发展方向和目标，提高个人和集体的工作效率。

3. 应用知识解决工程实际问题的能力

具有综合运用所学理论、技术方法和手段，发现工程实际问题并解决问题的能力，包括：

（1）能从具体工程实践中发现问题。

（2）运用所学知识，分析问题产生的原因。

（3）提出解决方法和建议。

4. 创新能力

具有较强的创新意识和进行土木工程项目设计、技术改造与创新的基本能力。

5. 组织管理、交流合作与竞争能力

具有交流、合作与竞争能力，包括：

（1）较强的文字表达能力、语言表达能力和交流能力。

（2）在学科内、跨学科、多学科领域以及跨文化背景进行合作的基本能力。

（3）勇于挑战和接受挑战，具有较强的竞争意识和竞争能力。

6. 组织协调能力

（1）具有一定的系统思维能力，能权衡不同因素，分清主次。

（2）具有组织、协调和开展土木工程项目的基本能力。

（3）具有应对危机和突发事件的初步能力。

7. 国际视野

（1）了解本学科的国际先进技术现状和发展趋势。

（2）具有较高的外语水平、一定的国际视野和跨文化环境下的交流能力。

8.1.3 素质要求

1. 人文素质

（1）具有高尚的职业道德，正直，富有社会责任感。

（2）职业行为规范，遵纪守法，遵守行业准则。

（3）能体现人文和艺术方面的较高素养，有正确的人生观、世界观、道德观和价值观。

（4）良好的心理素质，能应对危机和挑战。

2. 科学素质

（1）严谨求实的科学精神。

（2）面向未来的开创精神。

（3）针对工程问题特点的科学思维方式。

3. 工程素质

（1）能够通过持续不断地学习，找到解决问题的新方法，具有对新技术的推广或对现有技术进行革新的进取精神。

（2）具有执着的工作态度，面对挑战和挫折的乐观主义精神。

（3）坚持原则，具有勇于承担责任、为人诚实、正直的道德准则。

（4）具有良好的市场、质量和安全意识，注重环境保护、生态平衡和可持续发展的社会责任感。

（5）具备组织协调和领导能力，善于技术分工和协作，具有团队精神。

8.2　培养标准实现矩阵

培养标准实现矩阵见附表 8-1。

8.3　主干学科

力学、土木工程。

8.4　主要课程

理论力学、材料力学，结构力学、土力学、土木工程材料、混凝土结构设计原理、钢结构设计原理、工程地质、土木工程制图、土木工程测量、基础工程、土木工程施工、房屋建筑学、道路勘测设计、路基路面工程、桥梁工程等。

8.5　主要实践性教学环节

实验、实习、设计和社会实践以及科研训练等形式。实验包括基础实验、专业基础实验和专业级研究性实验 3 个环节；实习包括认识实习、课程实习、生产实习、毕业实习 4 个环节；设计包括课程设计和毕业设计（论文）2 个环节。

8.6　毕业学分要求

修满 184.5 学分。

附表 8-1

2014级土木工程专业（春季招生）培养矩阵

培养目标	课程实现	知识单元	知识领域	培养标准（知识/能力/素质）	培养模式
1 获得扎实的自然科学和专业工程科技基础知识；奠定应用型土木工程师的知识系统基础 1.1 具有从事专业工程所需的工程科学、技术知识以及一定的人文和社会科学知识 1.1.1 掌握必要的数学、物理、化学等自然科学知识	高等数学、大学物理（大学物理实验）、大学英语等	基础科学知识	自然科学知识	掌握扎实的数学与物理基础知识；了解工程、科学、环境等基本知识；掌握及拓展性了解相关课程的核心知识单元及知识点	校内
	大学物理实验	基础实验	实验	具有物理实验能力的基本技能	校内
1.1.2 掌握扎实的工程科学基础知识，具备发现与解决实际工程问题的基础能力	计算机应用基础、C语言、理论力学、材料力学、结构力学、土力学等	计算机技术及应用、力学原理	工具知识、力学原理与方法	掌握扎实的工程力学基础知识，为深入理解土木工程结构形式和力学模型的关系奠定基础；掌握及拓展性了解相关性知识单元及知识点的相关知识	校内
	材料力学、土力学课程实验	基础实验	实验	有效深化对力学知识的认识和理解，掌握力学模型的基本特点和实验基本技能	校内
1.1.3 掌握扎实的专业工程科学及技术基础知识及基本技能	土木工程制图、土木工程测量、工程地质、土木工程材料、房屋建筑学、土木工程CAD等	工程地质、土木工程材料、土木工程制图及测量等	专业技术相关基础知识、计算机应用技术	扎实掌握专业基础知识，制图等专业基础知识，具有一定的工程材料运用，设计创新能力；掌握及拓展性了解相关核心知识单元及知识点及知识	校内
	土木工程材料及土木工程CAD课程实验、地质实习及测量学实习、房屋建筑学课程设计、专题讲座、专业技能训练	专业基础实验实践单元	实践	参与工程建（构）筑物的施工监控和变形观测工作，掌握测量仪器使用、测量和计算方法，获得一定的土木工程材料科学的创新性研究思维和能力，深化建筑制图能力，房屋建筑CAD应用	校内
		专题讲座			联合
		课程设计、单项技能实习单元			联合
1.1.4 具有良好的人文、艺术、社会科学知识和企业管理基础知识，具备跨文化技术交流的能力	马克思主义基本原理、毛泽东思想和中国特色社会主义概论、中国近代史纲要、思想道德修养与法律基础、形势与政策、军事理论、大学英语等	哲学、历史、政治、管理等	人文社会科学知识、工具知识	具备哲学及方法论、法律等方面必要的知识，奠定良好的个人人文素养知识基础；熟练地掌握英语并通过规定等级考试，具备良好的听、说、写作，阅读能力	校内
	相关课程实验	基础实验	实践	建立理论学习与社会实际的纽带，确立正确的世界观和人生观	校外

续表

培养目标	课程实现	知识单元	知识领域	培养标准（知识/能力/素质）	培养模式
1 获得扎实的自然科学和专业工程科技基础知识，奠定其发现、解决实际工程问题能力的基础 1.2 掌握土木工程学科基础数学知识和专业基础知识，奠定其发现、解决实际工程问题能力的基础 1.2.1 掌握与本专业有关的数学基础理论和分析方法	高等数学、线性代数与概率统计	数学	自然科学知识	扎实掌握与本专业有关的工程数学基本理论和分析方法，具备以其应用于工程部分、归纳、创新的数学基础能力	校内
1.2.2 掌握工程力学的基本原理和分析方法	理论力学、材料力学、结构力学	理论力学、材料力学、结构力学	力学原理与方法		校内
	材料力学实验、结构力学数值实验、结构竞赛、大学生创新实践	基础实验、创新训练	实践	能够将相关学科的知识和理论及土木工程的实践相结合，能够对力学知识深化理解的目标，达到对力学知识深化理解，设计或开发新的结构形式	校内
	力学专业课题讲座	课题讲座			联合
1.2.3 掌握工程地质、土力学等的基本性质、原理	工程地质、桥涵水文、土力学等课程	工程地质等	专业基础知识	计算方法，及桥涵水文的基本知识	校内
	土力学课程实验	专业技术基础实验及课程实习	实践	掌握岩石和土体的勘测，测试和评估方法	校内
	工程地质课程实习				校外
1.2.4 掌握土木工程材料的基本性能和适用条件	土木工程材料	土木工程材料	专业基础知识	掌握土木工程材料的基本性能和适用条件	校内
	土木工程材料课程实验、大学生创新实践	专业技术基础实验创新训练	课程实验、企业实验训练	培养土木工程材料特性方面的感性知识，参与企业技术创新，提出合理化建议或调研报告，在土木工程材料方面有效训练创新性思维的能力	校内
	土木工程材料检测、企业实训	大学生实验训练			校外

续表

培养目标	课程实现	知识单元	知识领域	培养标准（知识/能力/素质）	培养模式
1 获得扎实的自然科学和专业技术基础知识，分析和应用方法，奠定应用型土木工程师的知识系统基础 1.2 掌握土木工程学科学基础数学知识和专业基础知识，奠定其发现、解决实际工程问题能力的基础 1.2.5 掌握工程测量的基本理论和技能，工程制图基本原理和方法	土木工程测量、土木工程制图	土木工程测量、画法几何及制图	专业基础知识	扎实掌握测量、制图等的基本原理，掌握土木工程识图、制图知识及技能	校内
	土木工程测量课程实验、测量实习、测量学专业课题讲座、工程测量企业实习、专业技能训练、企业学习	专业基础实习、课程实习	实验、课程实习、企业实训实践	参与并掌握工程建（构）筑物的施工监控和变形观测工作；掌握测量仪器使用、测量计算方法	校内
		专题讲座、单项实习技能单元			校外
1.2.6 掌握计算机程序设计及工程应用的基本技能	土木工程CAD	计算机辅助设计	计算机应用技术	掌握计算机制图的基本技能	校内
	课程实验、大学生CAD设计大赛、土木工程CAD企业实训	专业基础实验、学生创新训练	实验、创新训练及企业实训类实践	有效强化基本计算机辅助设计制图手段，在熟练掌握基本技能的前提下，获得该方面的创新性思维及能力	校内
		企业实训	企业实训类实践		校外
2 掌握坚实的土木工程专业理论知识，分析方法、专业技能，奠定工程应用的专业基础能力 2.1 较全面掌握及了解土木工程领域有关的技术现状、技术标准及设计、分析方法 2.1.1 掌握土木工程学科发展现状与前景	土木工程学科导论	土木工程学科导论	专业基础知识	掌握及拓展性了解了土木工程技术领域的发展现状及前景；掌握有关的技术标准规定	校内
2.1.2 掌握各类工程类型构件的受力特性、计算原理和设计方法	混凝土结构设计原理、钢结构设计原理、基础工程、路面工程、桥梁工程	混凝土、钢结构基本构件计算等	结构基本原理及方法	掌握相关结构形式基本构件的力学特性、计算前提及其设计方法	校内
	建筑钢结构课程设计、混凝土与砌体结构课程设计、道路勘测课程设计、路基路面课程设计、桥梁工程课程设计、基础工程课程设计	课程设计、专题讲座		掌握不同结构体系，结构类型基本构件的设计，计算方法及其规范，拓展性了解相关规范、标准	校内
	各专业方向技术、规范专题讲座	各专业方向技术、规范专题讲座	实践		联合

续表

培养目标		课程实现	知识单元	知识领域	培养标准（知识／能力／素质）	培养模式
2 掌握坚实的土木工程专业理论知识、分析方法、专业技能，奠定工程应用的专业基础能力	2.1 较全面掌握及了解土木工程领域有关的技术现状、技术标准及设计、分析方法					
	2.1.3 掌握结构的设计原理和方法，能理解并熟练掌握不同工程类型的结构体系力学分析和设计方法	混凝土与砌体结构设计、建筑钢结构设计、高层建筑结构设计、道路勘测设计、桥梁工程等	混凝土、钢结构设计计算、道路、桥梁设计计算	结构基本原理及方法	掌握建筑、道路、桥梁工程设计方法及相关技能，能够将结构设计原理、结构构件与结构体系分析整合为较深入的知识体系；掌握不同工程类型、结构形式的选型及方案的确定	校内
		建筑结构 PKPM	计算机辅助设计	计算机应用技术	掌握设计软件的应用方法	校内
	2.1.4 掌握工程设计过程，加深对结构设计认识，深化应用专业知识解决问题的能力	桥梁工程、课程实验、路基路面工程课程实验	实验、课程设计、企业单项实习、综合实习知识单元及技能单元	实践	注重理论与实践相结合，有效提高学生综合运用所学知识解决实际问题的能力；加深学生对基本知识的理解，掌握建筑结构基本构件、排架结构、房屋钢结构设计等施工图设计的程序和方法；掌握道路设计的程序和方法；掌握梁桥、拱桥等不同桥型的设计要领和设计计算方法；增加学生对实际工程设计的概念	校外
		土木工程生产实习、企业分类专项课程实习训练				校外
	2.2 掌握土木工程施工、造价、管理的基本知识，具备良好的工程管理、工程项目评价、分析与决策的基本技能	混凝土、钢结构、道桥、基础工程等专业课程的企业实训，设计企业实习，答辩、考评	土木工程认识实习、设计企业内实习	认识实习、设计企业实习实践	了解本专业的各类工程形式及其特点，增强感性认识，具有发现问题、提出改进意见的能力	校外
	2.2.1 掌握建筑、道路工程的施工技术和施工组织设计知识及实践	土木工程材料、土木工程施工、土木工程概预算	土木工程施工技术、施工组织	施工原理与方法	掌握施工技术技能，施工组织设计工程进度编制及控制管理措施知识	校内
		土木工程材料实验	课程实验、工程实践	实践	培养工程材料特性方面的感性知识，参与企业技术创新、有效训练创新思维和能力	联合
		施工现场工程检测、施工企业技术及施工组织专题讲座、工程实践等课外研学	课程设计、相关的课外研学、工程检测		通过实践，坚实掌握工程结构设计、构造原理和构造方法；深入了解工程施工技术、质量验收相关规范标准	联合

续表

培养目标			课程实现	知识单元	知识领域	培养标准（知识/能力/素质）	培养模式
2 掌握坚实的土木工程专业理论知识、分析方法、专业技能、奠定工程应用的专业基础能力	2.2 掌握土木工程施工、造价、管理的基本知识，具备良好的工程管理、工程项目评价、分析与决策的基本技能	2.2.2 熟悉土木工程相关法规，具备扎实的工程造价的基础知识	项目管理与法规、工程经济	工程经济基本原理、工程项目管理、法律法规	工程项目经济与管理	能够认识和系统表述土木工程项目中设计、施工、造价及管理问题；掌握坚实的施工组织设计、施工进度计划编制、工程算量、计价及项目管理相关基础知识	校内
			施工技术与组织课程设计、工程概预算课程设计及施工企业相关的专题讲座	课程设计、专题讲座	实践		校外
		2.2.3 具有从事项目决策和全过程管理的技术能力以及较系统的创新能力并能够较好地提出解决问题的方法和建议的实践能力	土木工程材料、土木工程施工、土木工程概预算、工程经济等	土木工程施工技术、施工组织、工程经济、工程造价、项目管理	工程项目经济与管理	在具备基础的土木工程技术、经济、管理法律基础知识的前提下，能将所学理论知识、专业知识融会贯通，获得理论与实践相联系的知识技能。强化建筑、道路实践项目设计及管理知识；掌握建筑、道路工程项目策划与风险分析及项目管理方法；学习在工程实践中解决工程造价及管理方面问题的程序和方法，具备一定的项目决策和全过程管理能力	校内
			施工技术与组织课程设计、施工企业或相关工程造价咨询单位对施工、工程造价及项目管理的专题讲座、企业项目实训	课程设计、企业技术人员专题讲座及企业项目实训	实践		校外
	2.3 具备依据实验技能和分析方法，继续获取知识和深化知识的能力	2.3.1 熟悉土木工程专业国家和行业的试验标准与规范	土木工程材料检测与标准试验、工程结构实验、工程检测与加固、桥梁检测与加固、概率论与数理统计	工程结构实验设计、工程结构测试、土木工程测试技术	专业基础性知识	掌握相关构件、结构实验分析的原理及操作技能及实验数据分析方法，熟悉实验报告归纳及总结；深入了解所学理论知识，拓展性了解相关技术规范和标准，具备有效获取实验解决实际工程问题的初步能力；具备一定的通过分析和掌握根据实际工程问题的合理计算限定，进行模型选择并进行理论实验或试验验证的思想方法	校内
		2.3.2 具备在实践的基础上提出问题和试验查询问题并通过资料分析和通过试验分析解决问题的能力	专业研究性实验、研究方法、面对专业项目、课题的资料查询问题并实践创新实践	研究性实验、专题讲座、单项技能实践及知识单元	实践		联合

续表

培养目标	课程实现	知识单元	知识领域	培养标准（知识/能力/素质）	培养模式
2 掌握坚实的土木工程专业理论知识，分析问题方法、专业技能，奠定施工管理应用的专业基础能力　2.4 具备通过综合分析土木工程设计、施工及管理方面的关键问题，系统化解决工程实际问题的能力　2.4.1 具备技术信息选择的能力，具有较强的专业外语阅读能力	相关专业课外研学、认识实习、生产实习、项目实训	实习、专业综合实训	实践	具备技术信息选择的能力	校外
2.4.2 初步具备综合考虑设计、施工、进度、质量、费用等环节，针对工程实际问题，行方案论证、总结并得出结论的能力	土木工程材料、土木工程施工、土木工程概算预算、工程经济、项目管理与法规	土木工程施工技术、施工组织、工程经济、工程造价、项目管理	专业技术相关基础、工程项目经济与管理、施工原理和方法	基本具备梳理土木工程项目系统内的关键问题、难点以及影响因素的综合能力	校内
	设计、施工、造价企业相关实践及系统性知识专题讲座、课程设计、生产实习、毕业实习及项目实训总结、答辩等	生产实习、课程设计、毕业设计、企业实训等	实践	通过实践，在具备坚实的土木工程施工技术、造价、管理、法律基础知识的基础上，获得扎实的专业基础知识综合应用能力和素质，能够集成知识并应用于工程实践	联合
3 具有土木工程师在工程项目实施运行中所具备的设计、施工管理的综合基础技术能力　3.1 土木工程设计　3.1.1 将土木工程专业知识综合应用于实践的良好技术能力	设计单位工程项目实践	企业项目实践、研究型试验、土木实验	实践	通过专题讲座、企业学习扎实推进并掌握相关设计规范、标准项目实训，根据结构设计理论及原理，参与设计企业项目实训，掌握建筑、道路、桥梁设计原理和构造两大部分内容，具有从事一般民用及工业建筑、道路设计和建筑施工图设计的能力；接受企业设计训练，提高分析和解决实际问题的能力，初步具备独立运用工程软件完成工程设计的能力	联合
	混凝土结构设计原理、钢结构设计原理、道路勘测设计、桥梁工程、道路工程、路基路面工程、基础工程、混凝土与砌体结构设计、建筑钢结构设计、高层建筑结构设计	数学、力学、结构等专业基础知识、专业基础实验、工程建设法规	力学原理与方法、专业技术相关基础		
3.1.2 针对性掌握相应设计规范、标准图集，掌握相应专业工程的功能要求、构造、设计特点及适用范围	相关规范、标准、规程、标准图集学习、建设法规专题讲座、设计法规专题讲座、解读专业工程设计、或施工现场的项目实践	专题讲座、企业学习等课外研学　设计、企业项目实训	实践		

185

续表

培养目标		课程实现	知识单元	知识领域	培养标准（知识／能力／素质）	培养模式
3 具有土木工程师在工程项目实施、运行中所具备的设计与施工管理的综合技术基础和能力	3.2 土木工程实施	3.2.1 熟悉工程建设程序，熟悉初步方案设计、技术设计、施工图设计的过程	施工或工程咨询单位学习，施工或工程咨询单位项目实训，安全生产技术与管理、工程建设程序及各期技术设计、工程建设执业制度规章学习，各专业课程中的相关知识，质量、安全标准化管理、道路工程监理、建设工程监理等有关专业课程的专题讲座、综合技能实习、生产实习、毕业设计	企业内、项目及施工现场实训，相关材料试验及工程质量验收标准等，专业基础实验、土木工程专业型试验，专题讲座、研究型实验、单项技能实习单元、专业综合实习单元、毕业实习	实践	掌握建筑、道路及桥梁工程一般施工技术及施工工艺，掌握相应的关键技术及工程质量和结构构造、相关材料试验及工程质量的验收标准等，能编制出单位工程的施工组织设计，具有分析和解决一般土木工程施工技术和施工组织中问题的初步能力，项目策划、建设项目投资控制、网络计划技术与建设项目目标管理、建设项目质量管理、建设项目阶段设计阶段的项目管理等实践技能	联合
		3.2.2 熟悉工程建设项目的前期准备工作以及招投标过程					
		3.2.3 了解建设设备试运转的内容和要求，各种施工机械设备的工作原理参数和适用范围					
		3.2.4 了解工程项目各个层次的验收要求，内容及组织，具有较好的综合处理工程实施中进度、质量及费用控制问题的能力					
	3.3 土木工程运行与维护	3.3.1 了解工程项目运行阶段技术及操作要点	施工、管理企业项目或工程现场学习，不同专业课程涉及的工程事故分析处理、公路养护技术、工程结构鉴定与加固，建（构）筑物变形检测与安全分析等专题讲座，工程检测综合课程设计、路桥综合课程设计、建筑综合实训、工程现场施工实习、生产实习、毕业实习	专题讲座、建筑、管理企业实训，课程设计、生产实习、毕业实习，企业施工、工程现场技能实训	实践	具备基本的建设项目监控、检测技术，了解混凝土等工程材料在施工和服役期与环境因素之间的关系、钢结构安全性及耐火性原理，工程防火和防腐等技术处理措施，工程结构安全性及耐久性原理、结构设计与施工相关工程事故分析与处理，工程项目运营管理知识和技能	联合
		3.3.2 了解工程项目全寿命周期管理					
		3.3.3 了解工程项目维护及改进的方法					
		3.3.4 了解工程项目的运营管理					

续表

培养目标			课程实现	知识单元	知识领域	培养标准（知识/能力/素质）	培养模式
4 具有良好的人文科学与工程综合素质	4.1 树立科学的世界观和正确的人生观和正确的道德品质	4.1.1 具有科学的世界观和正确的人生观	马克思主义基本原理、毛泽东思想和中国特色社会主义概论、形势与政策、思想道德修养与法律基础、大学生发展与职业规划、入学教育及军训、体育（1~4）、大学生职业生涯规划、职业素养提升、管理学	哲学、社会学、法律	人文社会科学知识	树立科学的世界观和正确的人生观和社会定位，具有良好的辩证思维能力和健康的心理素质，吃苦耐劳，勤奋进取的道德品质，具有扎实的学风，执着进取知欲，工作态度，能够保持状况持知欲，具有健康的体魄	联合
		4.1.2 具有谦虚谨慎、戒骄戒躁、吃苦耐劳的学习、工作品质					
		4.1.3 具有终生学习的态度					
	4.2 具有较强的创新意识，具备进行土木工程施工技术产品开发、改造及创新的初步能力	4.2.1 具备探索土木工程领域的新问题、新发展、发现问题的志趣	大学生创新实践、科研实践、各类学科竞赛、技能比赛、工程实践、相关建筑技术开发及方法专题报告	创新活动、专题报告、论文写作等课外研学	实践	通过参与教师科研、教研课题、初步具备独立完成相关工作的能力；积极参加学术性会议、完成本科生自主创新研究和立项，具备提出和解决问题的能力	联合
		4.2.2 具有敢于质疑，勇于创新的精神和意识					
		4.2.3 具备创新所需的专业知识和一定的创新方法					
	4.3 职业道德和职业精神	4.3.1 主动规划到个人职业方向与发展	（1）大学生发展与职业规划、管理学、社会实践；（2）企业内或施工现场课程设计、企业内单项技能实训	哲学、社会学、法律	人文社会科学知识		校内
		4.3.2 具有高尚的职业道德		课程设计、企业实训	实践	具备良好的质量、环境、安全和服务意识，以及吃苦耐劳的敬业精神	校外
		4.3.3 遵守职业行为规范和行业准则，具有良好的敬业精神					

续表

培养目标		课程实现	知识单元	知识领域	培养标准（知识／能力／素质）	培养模式
4 具有良好的人文科学与工程综合素质	4.4 建立良好的工程师的责任感	4.4.1 能够明确工程师的社会责任	思想道德修养与法律基础	法律基础	人文社会科学知识	能够认识土木工程建设对社会以及环境的影响，自觉遵守社会对工程建设的规范要求；认识不同的企业文化，进行技术创业和革新，为实现企业的策略、目标和计划而努力；能够认识工程师在土木工程项目中的设计、实施、管理中的作用及责任	校内
		4.4.2 能够明确工程师的企业责任	在工程设计和工程管理单位学习，参加论讲比赛、讨论会及讨论课、企业学习总结				
		4.4.3 能够明确工程师在项目中的作用和责任	土木工程师设计基础训练	企业实训、讲座	实践		校外
	4.5 具备较强的适应能力及团队精神以及一定的协调、管理、竞争与合作的能力	4.5.1 能够较好地处理人际环境和工作环境	学生社团活动、社会实践公益活动、主题班会、黑板报、橱窗阅报栏、讲座、各实践性环节中需要多人合作的环节、大校运动会、院及班级活动、学生创新实践、结构设计竞赛、力学竞赛、设计、施工、管理企业内学习、土木工程师设计基础训练、生产实习、毕业设计、课程设计、实习等	社会实践、大学生创新实践、竞赛、企业学习、专题讲座、实习、毕业设计、课程实习	实践	具有良好的土木工程专业书面、口头表达交流能力；能自信、灵活地处理不断变化的人际环境和工作环境，结合具体条件普于运用灵活方式合理解决问题，做事主动，为人宽容，具有良好的全局观，能很好地把握竞争与合作的关系；具有收集、分析、判断、归纳和选择国内外相关技术信息的能力，有效积累知识	联合
		4.5.2 具有高效、合理地管理时间和资源的能力					
		4.5.3 具备团队精神					
		4.5.4 具备良好的知识更新的能力					

8.7　学制与授予学位

标准学制四年，授予工学学士学位。

8.8　课程结构比例

课程结构比例见附表 8-2。

课程结构比例　　　　　　　　　　　　　　附表 8-2

课程性质	课程类别	应修学分	比例（%）
必修	通识教育必修课程	36.5	19.8
	学科基础课	22	11.9
	专业主干课程	68	36.9
	实践环节	48	26.0
选修	通识教育核心课程	6	3.2
	通识教育任意选修课程	4	2.2
总学分		184.5	

8.9　专业课程设置一览表（中英文对照）

专业课程设置一览表（中英文对照）见附表 8-3。

土木工程专业（春季班）课程设置一览表　　　　附表 8-3

课程类别		课程代码	课程名称	学分	总学时	讲课学时	实验实践学时	开课学期	备注
通识教育课程	通识教育必修课程	P12001	马克思主义基本原理 Basic Principles of Marxism	3	48	32	16	3	
		P12002	毛泽东思想和中国特色社会主义理论体系概论 Mao Zedong Thought & Outline of Theory of Socialism with Chinese Characteristics（A）	6	96	64	32	4	
		P12004	思想道德修养与法律基础 Moral Cultivation & Law Basics	3	48	24	24	1	
		P12003	中国近现代史纲要 Outline of Chinese Modern	2	32	24	8	2	

续表

课程类别		课程代码	课程名称	学分	总学时	讲课学时	实验实践学时	开课学期	备注
通识教育课程	通识教育必修课程	P12226	形势与政策Ⅰ Situation & Policies Ⅰ	1	16	8	8	3	
		P12227	形势与政策Ⅱ Situation & Policies Ⅱ	1	16	8	8	5	
		X12001	军事理论 Military Theory	1.5	32	16	16	1	
		E92001	计算机应用基础 Foundation of Computer	3	48	32	16	1	
		N92001	大学英语Ⅰ College English Ⅰ	4	64	64		1	
		N92002	大学英语Ⅱ College English Ⅱ	4	64	64		2	
		X12006	文献检索 Document Indexing	1	24	16	8	3	
		U92001	体育Ⅰ Physical Education Ⅰ	0.75	24	24		1	
		U92002	体育Ⅱ Physical Education Ⅱ	0.75	24	24		2	
		U92003	体育Ⅲ Physical Education Ⅲ	0.75	24	24		3	
		U92004	体育Ⅳ Physical Education Ⅳ	0.75	24	24		4	
		E92006	C语言 Language C	4	64	48	16	2	
			应修学分小计	36.5	648				
	通识教育核心课程	400E02	大学生就业指导 Vocational Counsel for College Student（A）	0.5	8	8		6	
		400E01	大学生职业生涯规划 Career planning of College Student	1	16	16		1	
		400E07	大学生创业基础 Students Entrepreneurial Base	1	16	16		2	
		400B01	中国传统文化 Chinese Traditional Culture	1.5	24	24		2	
		R92042	管理学 Management	2	32	32		3	
			通识教育任意选修课程	4					
			应修学分小计	10	160				

续表

课程类别		课程代码	课程名称	学分	总学时	讲课学时	实验实践学时	开课学期	备注
学科基础课		L92001	高等数学Ⅰ Advanced Mathematics Ⅰ	5	80	80		1	
		L92002	高等数学Ⅱ Advanced Mathematics Ⅱ	5	80	80		2	
		L92005	线性代数与概率统计 Linear Algebra and Probability Statistics	4	64	64		3	
		G92004	土木工程制图 Civil Engineering Drafting	4	64	64		2	
		L92003	大学物理 College Physics	4	64	64		2	
			应修学分小计	22	352				
专业课程	专业主干课程	G92027	工程地质 Engineering Geology	2	32	32		3	
		G92028	土木工程学科导论 Curriculum Introduction of Civil Engineering	0.5	8	8		1	
		B92001	理论力学 Theoretical Mechanics	4	64	64		2	
		B92002	材料力学 Material Mechanics	4	64	56	8	3	
		G92031	土木工程测量 Surveying of Civil Engineering	3.5	56	40	16	3	
		G92032	结构力学 Structural Mechanics	4	64	64		4	
		G92033	土木工程材料 Civil Engineering Materials	3.5	56	42	14	3	
		G92034	钢结构设计原理 Steel Structure Design Principles	3	48	48		5	
		G92035	土力学 Soil Mechanics	2.5	40	32	8	5	
		G92036	基础工程 Foundation Engineering	2	32	32		6	
		G92037	混凝土结构设计原理 Concrete Structure Design Principles	4	64	60	4	5	
		G92038	土木工程施工 Civil Engineering Construction	3.5	56	56		6	
		G92039	项目管理与法规 Project Management and Regulatory	2	32	32		7	

续表

课程类别		课程代码	课程名称	学分	总学时	讲课学时	实验实践学时	开课学期	备注
专业课程	专业主干课程	G92040	工程经济 Engineering Economics	1.5	24	24		7	
		G92041	土木工程 CAD Civil Engineering CAD	2	32	16	16	2	
		G92042	房屋建筑学 Building Architecture	3.5	56	56		4	
		G92043	建筑钢结构设计 Building Steel Structure Design	2.5	40	40		5	
		G92044	高层建筑结构设计 Highrise Building Structure Design	2	32	32		6	
		G92045	建筑结构 PKPM Building Structure PKPM	1.5	24	12	12	6	
		G92046	混凝土与砌体结构设计 Design of Concrete and Masonry Structures	3.5	56	56		6	
		G92047	土木工程概预算 Civil Engineering Budget	2	32	32		6	
		G92048	建筑设备 Building Equipment	2	32	32		6	
		G92049	道路勘测设计 Road Survey & Design	2	32	32		4	
		G92050	路基路面工程 Subgrade & Pavement Engineering	3	48	42	6	5	
		G92051	桥涵水文 Hydrology of Bridge and Culvert	1	16	16		6	
		G92052	桥梁工程 Bridge Engineering	3	48	44	4	6	
		应修学分小计		68	1088				
实践环节		P11034	思想政治理论课实践教学	2	+2			4	
		X11001	入学教育及军训 Entrance Education and Military Training	0	+3			1	
		G91009	工程地质实习 Engineering Geology Practice	1	+1			3	
		G91010	测量学实习 Surveying Practice	2	+2			3	

续表

课程类别	课程代码	课程名称	学分	总学时	讲课学时	实验实践学时	开课学期	备注
实践环节	G91011	土木工程认识实习 Civil Cognition Practice	1	+1			4	
	G91012	房屋建筑学课程设计 Course Exercise in Building Architecture	2	+2			4	
	G91013	道路勘测设计课程设计 Course Exercise in Road Survey & Design	2	+2			4	
	G91014	混凝土结构基本原理课程设计 Course Exercise in Concrete Structure Design Principles	1	+1			5	
	G91015	基础工程课程设计 Course Exercise in Foundation Engineering	2	+2			5	
	G91016	路基路面课程设计 Course Exercise in Subgrade & Pavement Engineering	2	+2			5	
	G91017	建筑钢结构课程设计 Course Exercise in Building Steel Structure Design	1	+1			5	
	G91018	混凝土与砌体结构课程设计 Course Exercise in Design of Concrete and Masonry structures	2	+2			6	
	G91019	桥梁工程课程设计 Course Exercise in Bridge Engineering	2	+2			7	
	G91020	施工技术与组织课程设计 Course Exercise in Construction Technique and Organization	1	+1			7	
	G91021	工程概预算课程设计 Course Exercise in Engineering Budgeting	2	+2			7	
	G91022	土木工程生产实习 Production Practice of Civil Engineering	8	+8			7	
	G91023	土木工程毕业设计与实习 Graduation Project for Civil Engineering	17	+17			8	
	X91004	毕业鉴定 Graduation Appraisal	0	+1			8	
		应修学分小计	48	52周				
		总计	184.5					

备注: 高等数学和大学物理知识点:

1.高等数学知识点

（1）函数与极限。

（2）导数与微分。

（3）微分中值定理与导数的应用。

（4）不定积分。

（5）定积分。

（6）定积分的应用。

（7）微分方程。

（8）空间解析几何与向量代数。

（9）多元函数微分法及其应用。

（10）重积分（二重积分）。

（11）曲线积分与曲面积分（可删）。

（12）无穷级数（可删）。

2.大学物理知识点

（1）力和运动。

（2）动量、功和能。

（3）热力学基础。

（4）真空中的静电场。

（5）静电场中的导体和电介质。

（6）波动光学。

参考文献

[1] 中华人民共和国教育部.教育部关于进一步深化普通高等学校招生考试制度改革的意见（教学〔1999〕3号）[EB/OL].[1999-02-13].http://www.chinalawedu.com/falvfagui/fg22598/32460.shtml.

[2] 徐丽.春季高考的理性分析[D].上海：华中师范大学，2010.

[3] 肖炎舜.中国财政政策调控的阶段性变化研究[D].北京：中国社会科学院研究生院，2017.

[4] 李明.20世纪90年代职教改革的回顾与展望[J].新课程研究，2011，01：5-7.

[5] 中华人民共和国教育委员会.国家教委关于在普通高中实行毕业会考制度的意见（教基[1990]017号）[EB/OL].[1990-08-20].http://blog.chinalawedu.com/falvfagui/fg22598/37029.shtml.

[6] 李木洲，刘海峰.多元分解：保送生制度改革之道[J].中国高教研究，2011，12：19-21.

[7] 刘晓，张照录，蒋恒毅，等.山东省春季高考入学学生情况调研分析——以山东理工大学勘查技术与工程专业为例[J].中国地质教育，2016，25（04）：85-88.

[8] 宋宝和，赵雪.问题导向统筹兼顾——山东省高考综合改革方案解读[J].中国考试，2018，05：1-6.

[9] 劳霞.春季高考是"鸡肋"？[J].中国考试，2005，02：4-5.

[10] 王有佳.春季高考如何走好[N].人民日报，2006-01-26（11）.

[11] 李雯，鲍晓真.上海高中生对春季高考态度的调查[J].上海教育科研，2018，08：10-14.

[12] 康乐，朱盛铭.试论异地高考的改革困境与实施对策[J].高等农业教育，2014，07：18-20.

[13] 朱新颜，刘伟，庞英.山东省春季高考本科招生及培养模式改革探讨[J].高等农业教育，2017，04：27-30.

[14] 贾致荣，师郡.基于春季高考的地方高校土木工程本科学生培养分析[J].高等建筑教育，2016，25（05）：18-21.

[15] 殷志.我国高考制度改革趋向及分类招生考试探索[J].大学教育，2015，03：15-16.

[16] 刘云，李文英.日本国立大学招生考试制度及其启示[J].河北大学学报（哲学社会科学版），2016，41（06）：31-35.

[17] 王湖滨.高考招生模式多元化改革研究[J].高等农业教育，2013，09：19-22.

[18] 中华人民共和国国务院.国务院关于印发国家教育事业发展"十三五"规划的通知（国发〔2017〕4号）[EB/OL].[2017-01-10].http://www.moe.gov.cn/jyb_xxgk/moe_1777/moe_1778/201701/t20170119_295319.html.

[19] 山东省教育厅. 关于印发 2011-2015 年山东省普通高校招生制度改革实施方案的通知（鲁教体改字〔2011〕2 号）[EB/OL]. [2011-04-11]. http://sport.lyu.edu.cn/tyzs/b3/60/c4310a45920/page.htm.

[20] 山东省教育厅. 关于印发《山东省普通高校考试招生制度改革实施意见》的通知（鲁招委〔2012〕2 号）[EB/OL]. [2012-02-29]. http://www.sdedu.gov.cn/sdjy/_zcwj/474787/index.html.

[21] 山东省人民政府. 山东省人民政府关于印发山东省"十三五"教育事业发展规划的通知（鲁政发〔2017〕33 号）[EB/OL]. [2017-10-19]. http://www.shandong.gov.cn/art/2017/10/19/art_2267_17525.html.

[22] 山东省教育厅. 关于印发山东省 2018 年春季高考工作实施意见的通知（鲁教学字〔2018〕4 号）[EB/OL]. [2018-02-24]. http://www.sdcjgk.com/index.php/xwdt/4255.html.

[23] 山东省人民政府. 省政府办公厅关于印发山东省深化高等学校考试招生综合改革试点方案的通知（鲁政办发〔2018〕11 号）[EB/OL]. [2018-03-23]. http://jky.sdedu.gov.cn/index.php?a=shows&catid=43&id=1524.

[24] 陈月娥. 中职数学与高中数学课程之比较 [J]. 湖南农机，2011，38（09）：172-173+175.

[25] 吴宏元，金凤. 学习性投入视角下的教学质量测评与诊断 [J]. 现代教育管理，2011（9）：49-52.

[26] 台晓鑫. 基于 CIPP 的全日制工程硕士内部质量保证体系研究 [D]. 哈尔滨：哈尔滨工业大学，2011.

[27] Indiana University Center for Postsecondary Research and Planning. The NSSE 2000 Report：National Benchmarks of Effective Educational Practice[R]. 2000.

[28] 黄美娟. 美国"全国大学生学习性投入调查"（NSSE）研究 [D]. 上海：上海师范大学，2014.

[29] 杨立军，韩晓玲. 基于 NSSE-China 问卷的大学生学习投入结构研究 [J]. 复旦教育论坛，2014（3）：83-90.

[30] 罗燕，史静寰，涂冬波. 清华大学本科教育学情调查报告 2009——与美国顶尖研究型大学的比较 [J]. 清华大学教育研究，2009（10）：1-13.

[31] 龙琪. 剖析美国"全国大学生学习性投入调查"及其变化 [J]. 高教发展与评估，2016（1）：54-65.

[32] 清华大学教育研究院. 2009 年学情调查问卷手册 [Z]. 清华大学教育研究院，2009.

[33] 克罗奇菲尔德. 美国新行为主义者陶尔曼 [J]. 现代外国哲学社会科学文摘，1961（07）：29-31.

[34] 清华大学教育研究院. 2009 年学情调查问卷手册 [Z]. 清华大学教育研究院，2009.

[35] 王有智. 心理学基础——原理与应用 [M]. 北京：首都经济贸易大学出版社，2003.

[36] 任晓宇，贾致荣. 土建类春季学生学习状况分析 [J]. 教育现代化，2018，5（30）：285-289.

[37] 吕亮雪，徐志刚. 基于"卓越计划"的校企合作比较研究 [J]. 山东农业工程学院学报，2015：117-121.

[38] 中华人民共和国教育委员会. 关于印发《面向二十一世纪深化职业教育教学改革的原则意见》的通知（教职〔1998〕1 号）[EB/OL]. [1998-2-16]. http://www.chinalawedu.com/falvfagui/fg22598/56382.shtml.

[39] 马万明，张胜前. 大学生就业指南 [M]. 北京：国防工业出版社，2010.